NB-IoT

从原理到实践

吴细刚 著◎

电子工业出版社.

Publishing House of Electronics Industry

北京 • BEIJING

内 容 简 介

本书以一个无线网络工程师的视角，用通俗易懂的语言解读了窄带物联网（NB-IoT）的重要特性、基本原理、关键技术和网络规划。在阐述的过程中，重点介绍了 NB-IoT 与 LTE 的联系与差异，方便具备 LTE 技术基础的读者快速完成知识导入。书中通过对一些关键过程的详细分析，将散落在各层协议的相关知识点有机串联起来，使得知识全面化、体系化。在内容编排上，将整体知识以讲座的形式进行科学切分，方便读者阅读学习。

本书主要读者对象为移动通信领域从事技术研究、产品开发、网络优化、网络维护、网络规划人员，也可供高等院校师生参考。

图书在版编目（CIP）数据

NB-IoT 从原理到实践 / 吴细刚著. —北京：电子工业出版社，2017.10

ISBN 978-7-121-32894-7

Ⅰ. ①N… Ⅱ. ①吴… Ⅲ. ①互联网络—应用②智能技术—应用 Ⅳ. ①TP393.4②TP18

中国版本图书馆 CIP 数据核字（2017）第 252605 号

策划编辑：张云怡
责任编辑：裴　杰
印　　刷：北京虎彩文化传播有限公司
装　　订：北京虎彩文化传播有限公司
出版发行：电子工业出版社
　　　　　北京市海淀区万寿路 173 信箱　邮编　100036
开　　本：720×1 000　1/16　印张：18　字数：216 千字　彩插：1
版　　次：2017 年 10 月第 1 版
印　　次：2022 年 7 月第 9 次印刷
定　　价：66.80 元

凡所购买电子工业出版社图书有缺损问题，请向购买书店调换。若书店售缺，请与本社发行部联系，联系及邮购电话：（010）88254888，88258888。

质量投诉请发邮件至 zlts@phei.com.cn，盗版侵权举报请发邮件至 dbqq@phei.com.cn。

本书咨询联系方式：（010）88254573，zyy@phei.com.cn。

序言

当前，移动通信正处在快速变革中，从人与人的连接，发展到人与物的连接，甚至是万物互联，核心业务也从传统语音加速向数据更迭。从运营商的角度来看，语音及数据的业务高峰之后，下个业务的蓝海将是什么？从目前观点来看万物互联将成为第三个高峰，它将创造新的机遇，在多个垂直行业领域创造巨大的市场空间。预计到 2020 年国内的连接规模有望突破 100 亿元，数字化服务关联市场将达到万亿量级（数据来源：麦肯锡）。

中国移动在 2016 年开始全面实施"大连接"战略。NB-IoT 技术因为天生具备"强覆盖、小功耗、低成本、大连接"等特点，深度契合了"万物互联"的技术实现，因而被引入进行现网部署。面对 NB-IoT 这样一门全新的技术，如何快速有效地让技术人员了解、掌握其工作原理，从而促进网络的规划建设、日常维护、网络优化工作，是迫在眉睫的事情。

《NB-IoT 从原理到实践》深入浅出地阐述了 NB-IoT 的技术原理、网络组网、维护要点、优化实操等知识内容，读了数遍之后，谈谈对这本书的理解。

这是本有思想的书。它基于作者一线维护优化的实践，对相关的技术原理进行了梳理、归纳和总结。作者用自己的思路阐述对于 NB-IoT 技术的理解，将之与 LTE 技术展开对比，前后内容连贯，架构完整清晰，知识导入快捷，在比较中加深对于新技术的掌握。

这是本有温度的书。通信技术标准是刻板的，往往让人感到枯燥乏味，本书却通俗易懂，例如用武功招数类比 NB-IoT 的技术特点，以快递的包装类比帧结构等，使人一看就懂，趣味性强，使读者感觉好像作者就在自己对面激情四射地讲解，使读者感受到作者带给自己的"温度"。这样的书读来趣味横生，谈笑间即可轻松完成对知识的掌握。

这是本有态度的书。本书力求做到技术细节描述准确，技术观点不偏颇。例如，在讲 NB-IoT 容量问题时，面对各种不同的数据，作者花了较长的时间查阅了大量的知识文献，包括 3GPP 协议，最后通过解读 3GPP 协议，用详实的推导得到最终结论，体现了作者对于技术研究踏踏实实、不偏信的态度。作者还在书中分享了自己技术学习的经验，不光授人以鱼，更授人以渔。

这是本实用的书。一是内容的实用性。本书分为四个篇章，囊括了 NB-IoT 的四大特性、基本原理、关键技术和网络规划，内容全面，知识实用，可以直接作为培训教材使用。二是编排的实用性。作者将本书切割为 30 讲，读者可以从头至尾、由浅入深、手不释卷地通读，也可以直接跳到某一章节对某个专题进行深入学习，通篇内容有机关联又互相独立，便于读者对于专题知识的掌握。

我们组织出版《NB-IoT 从原理到实践》一书，凝聚着作者的勤奋、勤勉，对于技术不懈的追求，也凝聚着我们的期望，期望这样一本有血有肉，有理想、有情怀的书，能成为一场及时雨，对公司 NB-IoT 人才培养起到积极的作用，继而提升 NB-IoT 网络规划建设、运行维护的质量，最终助力公司大连接战略的落地。

中国移动通信集团湖南有限公司网优中心总经理

龙南屏

前言

　　时光荏苒，我已然在移动通信行业摸爬滚打十载有余，先后参与了 GSM、TDS、LTE 网络的建设与优化，而现在正处在万物互联及 5G 兴起的风口，细细思索，这个行业唯一不变的是一直在变，技术的车轮一直滚滚向前。

　　作为一名技术人员，我一直在不断汲取各方营养滋养自己，如今虽不敢妄称已经修炼为专家，但总算初有所悟、小有所得。又有感于公司新入职员工技术学习道路的艰辛，老同志们又事务缠身，无法时时、处处点拨。于是，我萌生了一个大胆的想法：在公司内部开班授课，传道授业，一来可以赠人玫瑰，二来可以教学相长。不成想，在这三尺讲台上一讲就是七年，从 TDS 讲到了 NB-IoT，自己也从小吴讲成了吴老师。

　　记得在 2016 年圣诞，有人问我：如何扩大你技术培训的受益面？此后，就有了"吴老师聊通信"公众号。基于多年的技术讲稿，针对 NB-IoT 技术，我将自己的部分技术见解写成了系列文章，斗胆在公众号上陆续发布，一来为了技术的普及，二来鞭策自己努力学习，不断提高。晒文章的同时，亦能求教于各位专家，共同进步。公布之后，我收到了好多点赞，好多鼓励（当然也有拍砖的），还有好多朋友在问，有没有出版实体书可以用来系统学习？但我一直回复没有。也有出版商邀约书稿，我亦婉拒。因为潜意识里我觉得写书是件非常严肃的事情，公众号上的文章可以嬉笑怒骂，更新速度可以或缓或急，写的内容亦可天马行空。但是一旦集结成册，就必须严肃对待，我需对技术细节负责，对知识结构进行系统化，对行文进行规范……直到 2017 年春节后，我的领导鼓励我：为了方便系统化学习，还是汇编成书吧。此后，我用了半年时间，翻阅各种资料，梳理思路，整理文字，将多年的知识进行沉淀，最终汇成此书。

应该说，没有众多朋友、同事、领导、同行、热心网友以及家人的支持，这本书就难以面世，在此，诚挚致谢！特别感谢我的好朋友蒋专、刘言敏等，在网络规划章节给予我很多好的技术建议。

写作本书，我秉承三个基本原则：一是内容上坚持理论加实践，尽量选取跟工作中相关的内容进行讲解，并配备一些现网应用情况；二是尽量做到通俗易懂，在这点上，多年讲课的经验给了我很大的帮助，让我知道如何做到深入浅出，书中大量利用了生活中的例子进行类比说明，使得技术不再是冷冰冰的公式、图表和文字；三是如何做到快速理解，我在本书中重点介绍了 NB-IoT 与 LTE 的异同，方便具备 LTE 技术基础的读者快速完成知识导入，另外尽量多利用图、表进行讲解，使得内容形象化、生动化。

本书是基于作者的主观视角编写而成，其中夹杂了很多例证，观点难免有欠妥之处；又因为是技术讲稿，其间表述难免有不当之处，敬请读者谅解，欢迎提出宝贵意见。

作　者

目录

物理信道篇

关键技术篇

网络规划篇

FAQ 篇

四大特性篇

近两年来，关于无线通信技术发展，最热的两个词恐怕就是 5G 和 NB-IoT 了。

作为"开胃菜"，本篇吴老师主要讲解 NB-IoT 的四大特性，即强覆盖、小功耗、低成本、大连接，让大家对 NB-IoT 有个"爱的初体验"。

第1讲 NB-IoT 的笑傲江湖

作为满汉全席的开胃菜，本讲将介绍物联网的发展历史及 NB 是如何笑傲江湖的。

1.1 物联网的前世今生

1.1.1 何为物联网?

首先我们得知道，自从 20 世纪 80 年代以来，从"大哥大"开始，无线通信技术经历了四代的传承与发展（目前仍是"三世同堂"）。从开始人与人的连接，发展到人与物的连接，自然地，人们的脑洞大开，是否可以将所有的物都连在一起呢？

而实际上从商业角度来看，语音通信（人与人连接）收入已经见顶，由于 4G 的大力建设及推广，数据业务（人与人&人与物的连接）支撑运营商收入进入了新的巅峰，那么下个收入"蓝海"将是什么？从目前观点来看，物与物

的连接将成为第三个波峰，而物联网将是重要的载体。

引用一些关于物联网市场前景的预测数据（见下图）：2020 年，中国将达百亿物联网连接（含各种连接），产业链市场空间 1 万亿元人民币（数据来源：麦肯锡等）。

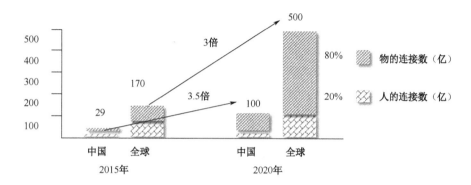

1.1.2　物联网的应用场景

物联网应用场景丰富，但是依据对技术的需求，总体来看可以划分为两类：

» 可以使用非蜂窝网络（以短距 Wi-Fi、蓝牙等为主）来承载的应用。

» 建议使用蜂窝（包括现有的 2/3/4G 及其他技术）物联网技术承载的应用（运营商市场主要在蜂窝领域，这也是本书讨论的重点）。

关于物联网的应用场景，下面引用一些数据作为参考：

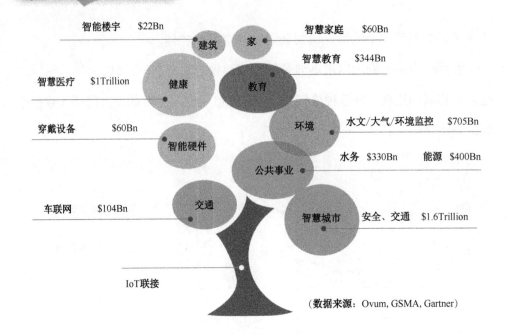

智能楼宇 $22Bn
智慧家庭 $60Bn
智慧教育 $344Bn
智慧医疗 $1Trillion
穿戴设备 $60Bn
水文/大气/环境监控 $705Bn
水务 $330Bn 能源 $400Bn
车联网 $104Bn
安全、交通 $1.6Trillion

建筑 家
健康 教育
环境
智能硬件
公共事业
交通 智慧城市

IoT联接

（数据来源：Ovum, GSMA, Gartner）

目前，对于运营商来说，智能家居、智能楼宇、公共事业（抄表）、智慧城市和物流追踪这五大领域将是应用推广的重点。

1.1.3 物联网技术的众生相

吴老师已经在无数个场合被问过如下的问题：

（1）NB 与其他物联网技术有什么不同？

（2）NB 是不是物联网的宇宙终极解决方案？

（3）有了 NB 后还要 5G 干什么？

下面将对物联网众多技术的定位进行讲解，读懂后，以上问题自然有了答案。下图见诸于各物联网相关资料中，理论上来讲，如果理解了此图，那么，恭喜你！你对物联网的认识已经很高深了。

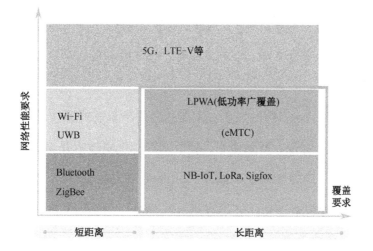

下面吴老师从几个维度对上图进行解读：

（1）横轴代表覆盖要求：一般可以划分为长距离和短距离，因此将物联网技术划分为了两个大类。

» 短距离通信技术：有我们熟悉的 Wi-Fi、Bluetooth，还有大家不怎么熟悉的 ZigBee 等。不过这些短距离通信技术天生就有覆盖范围受限的缺点，应用场景也就随之受限，因为比如智能抄表等业务一般是位于地下室或者弯角旮旯里，对网络的深度覆盖要求高，所以说短距离通信技术往往不是运营商的兴趣点，也不是本书的研究重点。

» 长距离通信技术：主要的代表技术是 NB-IoT、eMTC、LoRa、Sigfox 等。实际上对于长距离通信技术，一般同时具备了强覆盖、小功耗、低成本、大连接这四个关键特性。我们又将这类长距离通信技术称为 LPWA（Low Power Wide Area）。

（2）纵轴代表速率要求：基本可以划分为高、中、低三个速率等级。

» 高速率：（>1Mbps），主要的应用场景有车联网、视频监控、远程医疗等，代表技术有 LTE 及其演进版本、5G 新技术等。

» 中速率：（<1Mbps），主要的应用场景有可穿戴设备、银行业 POS 机、电梯广告推送、车队管理等，代表技术有 eMTC、GPRS/CDMA、Wi-Fi 等。

» 低速率：（<200kbps），主要的应用场景有能源抄表、气象/环保监测、资产标签、智能停车、智能锁等，代表技术有 NB-IoT、LoRa 、Sigfox（广域覆盖）、蓝牙、ZigBee 等短距技术。

（3）对于 LPWA 而言，还可以进一步细分，是国际标准还是私有技术？是公共频段还是授权频段？如下表所示。

	技术制式	网络定位
国际标准	NB-IoT eMTC	可与现蜂窝网融合演进的低成本电信级的高可靠性、高安全性广域物联网技术
私有技术	LoRa	需独立建网、无执照波段的高风险局域网物联技术
	Sigfox	不适配国内无执照波段、由 Sigfox 建网与运营商合作的高成本高风险物联网技术

（4）从上图还可以看出，技术能力的统一与互斥性，很难有种技术是既覆盖好又速率快的。

（5）那么为什么有这么多技术呢？答案 CMCC 早告诉你了——"移动过年七款礼，总有一款适合你！"

1.2　NB-IoT 的笑傲江湖

前面谈到了物联网的前世今生，下面谈谈 NB 的历史。如果将 NB-IoT 技术标准的形成看作是江湖比武最终称霸武林的话，而你又正好是个金庸迷，那么，这些事就很好理解了。

这里将要讲到 NB 是如何与不同门派之间相杀后，又如何与同门派不同宗

派之间，甚至是同门师兄弟们相爱相杀的故事。

1.2.1　NB 是什么

前面已经讲到，物联网的缩写为 IoT，英文为 Internet of Things。在这里，吴老师有个小技巧，有些缩写看起来很吓人，也很难记，建议大家看看英文原文，你就会发现——So Easy！

物联网有很多技术，在 IoT 之前加上 NB，连起来 NB-IoT 即为我们这个系列的主角，很多文章中都解释为 Niubility Internet of Thing。实际上，这只是一个善意的玩笑，NB 的真正含义是 narrow band 的意思，翻译过来是窄带，所以我们经常在资料中看到窄带物联网的提法。

NB-IoT 属于 LPWA 技术的一种，它天生具备强覆盖、小功耗、低成本、大连接这四个关键特点，下面引用一张图让大家对 NB 有个"爱的初体验"。

这里不得不谈谈在通信技术发展上，关于需求与实现等因素之间的一些辩证关系。先来看当前采用 2/3/4G 承载物联网应用的主要问题：

» 典型场景网络覆盖不足，例如：室内的无线抄表、边远地区的环境监控和地下资源监控（4G 规划指标穿透 1 层墙）。

» 终端功耗过高，2G 终端现网待机能力差。

» 无法满足未来海量终端的应用。

» 终端种类多、批量小，开发门槛高，通信模块成本高，综合成本高。

正因如此，2015 年 9 月，NB-IoT 技术应运而生。当然 NB 义不容辞要解决好以上的痛点和问题，这里的关系就是需求与实现的相生关系。

吴老师在接下来的篇幅中将会一一讲解如何从技术上去实现这些逆天的需求。

1.2.2　NB 大战不同门派

有人举手问问题了：吴老师，难道催生 NB-IoT 的就只有需求？

答案是：**NO！**

这里不得不再提一下 LoRa、Sigfox 等私有的物联网技术。正是因为这些技术的出现，对 3GPP 这个通信行业的"带头大哥"造成了很大的心里阴影，所以 3GPP 才加快了 LPWA 技术的研究。当然，3GPP 这头把交椅也不是白坐的，自己开招就很厉害，再加上多年经营，自然是一呼百应，所以才有了 NB 今天的声势。这就是 NB 与不同门派的大战。

如果你看过 3GPP 在制定 LTE 标准中，WiMAX 和 LTE 的剧情，你会觉得与 NB 与 LoRa 之间何其相似！

1.2.3　NB 大战同门师兄弟

下图引用华为的一张图片，可以清晰地看出 NB 与同门师兄弟之间上演的"相杀相爱"的故事。

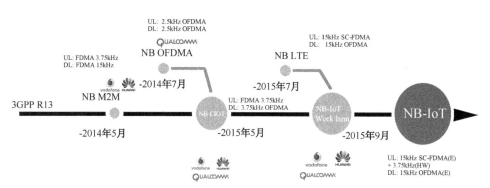

NB-IoT　标准演进概况

请注意，在讲解的过程中，一大波名词将扑面而来：

» 第一次内部 PK：事情的起因是英国的 vodafone（沃达丰）基于 LTE 网络提供抄表业务成本太高，而 GSM 网络出于即将退网的考虑，"私下"联合华为一起提出了 NB-M2M 解决方案。美国的 QUALCOMM（高通）基于现有的 LTE 技术提出了 NB-OFDMA（侧重是空口解决方案）。接下来经过较量和妥协，最终融合成第一个统一方案，称为 NB-CIoT。

» 第二次内部较量：以爱立信等公司为首的阵营基于现有的 LTE 技术，提出了一些优化方案，因此进行了第二轮较量，最终在 2016 年 6 月形成了现在的 NB-IoT 技术标准。

就这样，经过两次内部大战，最终才形成现在的 **NB-IoT** 技术标准。

1.2.4 NB 大战同门不同宗派

在 3GPP 内部，针对物联网的解决方案也存在两大宗派，一是基于 LTE 现网优化的 eMTC 技术，另一个是另起炉灶的 NB-IoT 技术，详见下表。

Scaling **up** in performance and mobility

Scaling **down** in complexity and power

| LTE Advanced
>10 Mbps
$n×20$ MHz | LTE Cat-1
Up to 10 Mbps
20 MHz | LTE-M (Cat-M1)
Up to 1 Mbps
1.4 MHz narrow band | NB-IoT
10s to 100s of kbps
180 kHz narrow band |

LTE Advanced (Today+)   LTE IoT (Release 13+)

	Cat 1（LTE）	Cat 0 UE（MTC）	Cat M UE（eMTC）
最大带宽	20MHz	20 MHz	1.4MHz
理论峰值	10Mbps	1Mbps	<1Mbps
接收天线	2	1	1
上行发射功率	23 dBm	23 dBm	23 或 20 dBm
成本	100%	50%	25%

上面是从终端的演进角度来看 eMTC 和 NB 技术的发展。eMTC 其核心思想是在当前的 LTE 基础上，通过针对性优化，使之与 LTE 共存的情况下满足物联网的应用需求。其发展演进主要是终端方面的，如以上 Cat 1 是 LTE 终端，3GPP 专门为了 IoT 设计了 Cat 0 终端，我们称之为 MTC，但是带宽还是 20MHz，成本、耗电等都居高不下，因此在 R12 时就被冻结。此后在 R13 阶段设计了 Cat M 终端，带宽缩小到 1.4MHz，成本、耗电等问题得到较好地解决，但随后 3GPP 在 R13 也冻结了 eMTC 的研究，转而研究 NB-IoT 去了。

怎么理解 NB-IoT 和 eMTC 之间的关系？我的理解是长期共存。因为定位不一样，eMTC 解决的是中速率的 IoT 需求，而 NB-IoT 解决的是低速率的需求，具体就不再赘述。

第2讲　NB-IoT 强覆盖之降龙掌

第 1 讲中，吴老师简要介绍了 NB-IoT 的四大技术特性，本讲开始详细讨论 NB-IoT 超强覆盖能力的技术细节。

NB 最开始就给自己定了个大大的目标，即要比 GSM 覆盖增强 20dB。对于这样一个目标，作为一个长期被 4G 高频段深度覆盖不足困扰的无线老兵来说，觉得简直不可思议，但 3GPP 居然实现了。

细细数来，为了实现 20dB 的增益，3GPP 分别用了降龙十八掌中的三个大招：

- » 飞龙在天（提升功率谱密度，7dB）
- » 六龙回旋（不要命的重传，12dB）
- » 亢龙有悔（多天线增益 0 ~ 3dB）

2.1　第一招　飞龙在天

第一招　"飞龙在天"，简单地说就是提升 IoT 终端的发射功率谱密度（PSD，Power Spectral Density）。

- » 问：功率谱密度是什么？和功率是什么关系？

» 答：简单地理解可以参考质量与密度的关系。

请大家看下图，如果你能顺着图的思路自己放到 Excel 中做一次计算，就一定能理解功率谱密度和功率的关系，也更清楚了下表中 5.3 倍的数据来源。

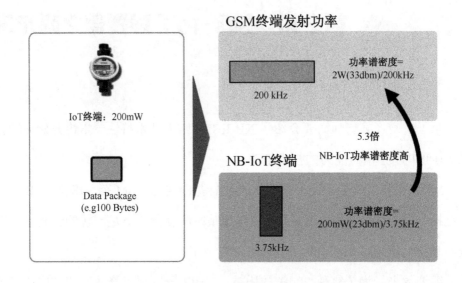

制式	功率（mW）	使用带宽（kHz）	功率谱密度=功率/带宽（mW/kHz）	比值
GSM	2000	200	10	—
NB-IoT	200	3.75	53.33	5.33

对几个技术点说明如下：

（1）通常，我们在通信里面不会直接使用倍数关系，而是使用 dB 来表征，功率谱密度相比 GSM 增强 $10*\log(5.3)=7dB$ 。

（2）对比中并没有考虑频段因素的影响，即默认使用相同频率。

（3）这里计算的是上行功率谱密度增益，而不是下行。因为一般情况下，下行覆盖大于上行覆盖，即上行覆盖受限（因为终端功率往往是受限的，而网络侧 RRU 功率理论上提升很容易），所以通常来说计算 MCL（Maximum Coupling Loss，最大耦合损耗，链路预算中必备）时大部分只需要计算上行链路即可。这点以后谈 NB 覆盖规划时再详细说明。

（4）NB-IoT 上行传输有 3.75kHz 和 15kHz 两种带宽可供选择，带宽越小，功率谱密度越大，覆盖增益越大。此处对比中采用的是 3.75kHz。至于 3.75kHz 和 15kHz 的技术细节在后续篇章中将详细讲解。

（5）到这里大家即可看到窄带的深层次含义了：缩小带宽，在功率不变的情况下，提升了功率谱密度。

下面再利用一张图来辅助理解，功率谱密度越高，柱子越高。如果是将 NB-IoT 与 LTE 比，折算出来，PSD 带来的增益会更高，达到了 17dB。

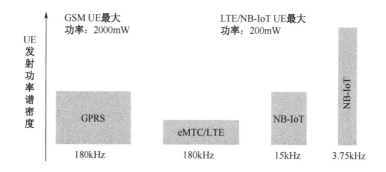

2.2　第二招　六龙回旋

NB 通过重复发送，获得时间分集增益，并采用低阶调制方式，提高解调性能，增强覆盖。简单地理解就是：话说一次听不见，咱多说几次，每多一次就多一次正确听到的机会，这种机会转化到通信里面，即称为"增益"。

在标准中规定，NB 中所有的物理信道均可重复发送，下表是 NB 中信道可重传的次数：

方向	信号/信道名称	重复次数	调制方式
下行	NPBCH（窄带物理广播信道）	固定 64 次	QPSK
	NPDCCH（窄带物理下行控制信道）	{1,2,4,8,16,32,64,128,256,512,1024,2048}	QPSK
	NPDSCH（窄带物理下行共享信道）	{1,2,4,8,16,32,64,128,192,256,384,512,768,1024,1536,2048}	QPSK
上行	NPRACH（窄带物理随机接入信道）	{1,2,4,8,16,32,64,128}	—
	NPUSCH（窄带物理上行共享信道）	{1, 2, 4, 8, 16, 32, 64, 128}	ST:Pi/4-QPSK and Pi/2-BPSK MT: QPSK

注意：请大家暂时不要过于纠结表中的技术细节，只要得到如下信息即可：NB 无论什么信道都可以重传，且上行最大 128 次，下行最大 2048 次。

下面谈谈重复技术是如何提升覆盖的。

（1）理论上，重复一遍，覆盖增加 3dB，速率和效率也下降一半。

（2）重复技术的本质是将待发送数据在时域上连续多次重传，降低单位时间内平均有效信息量，本质上是降低了码率，相当于以更低的 MCS 进行数据发送，对于覆盖提升存在编码增益，降低接收端的解调门限 SINR 的要求。例如：如果不重复时，一个长度 80ms 的 256bit 的码块通过 BPSK 调制的解调门限约为-1dB，含 CRC 的编码速率为 3.2kbps；如果重复 4 次，意味着通过将编码速率降低为 0.8kbps 而使解调门限降低为-7dB，此时重复 4 次的增益为 6dB。

（3）重复增益随重复次数的趋势（仿真结果）如下图所示。

» 随着重复次数的增加，获得的收益趋缓。根据仿真结果，重复 60 次可获得 15dB 的增益，但与理论值相差 3dB；如果需要通过重复来获取 20dB 覆盖增益，则需 340 次重复。

» 随着重复次数的增加，频谱效率严重下降，速率下降程度与重复次数呈反比。根据仿真结果，如果要获取 12dB 的覆盖增益，需要重复 24 次，边缘速率会降低为原来的 1/24。

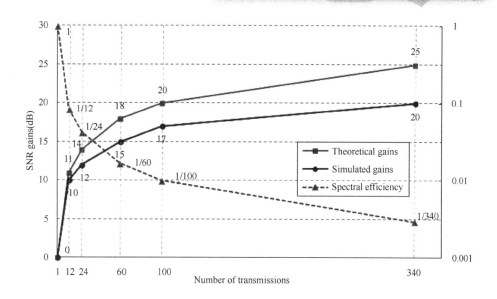

» 存在边缘速率要求的前提下，不能通过重复无限提升覆盖。如果在 MCS0 的最大码块条件下（256bit/80ms）边缘速率要超过 100bps，则平均重复次数不能超过 32 次。

注意：重复本质上是以资源（容量、边缘速率）的降低来换取可靠性（覆盖）的提升，重复次数越多，"换取"的性价比越低。

2.3　第三招　亢龙有悔

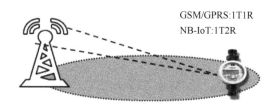

这里表征的是通信里常用的天线分集增益。1T2R 相对 1T1R 有 3dB 的接收增益，限于篇幅，天线接收技术这里不做详细讲解。需要注意的是，

以 CMCC 现网为例，因为 GSM 本身就是 1T2R，因此此增益在对比中一般不算。但现网中，如果 NB 与 FDD 共天面，且如果采用 2T4R 的话，就还是有 3dB 的增益。

看到这里，大家是否明白 3GPP 中承诺的相对 GSM 20dB 增益是如何来的吗？

20dB=7dB（功率谱密度提升）+12dB（重传增益）+（0～3）dB（多天线增益）。

2.4　15kHz 能达到 20dB 增益吗？

实际上，上行无论是 3.75kHz 还是 15kHz 子载波间隔，都可以做到 20dB 覆盖提升，理由如下：

（1）15kHz 相对 LTE 已经有 10.7dB 的 PSD 增益。仿真结果表明，配合 16～32 次重复，15kHz 条件下可以在解调门限为-13dB 左右达到 164dB 的 MCL。

（2）3.75kHz 虽然比 15kHz 的 PSD 高 6dB，但带宽只有 15kHz 的 1/4，在同等边缘速率时的覆盖是相当的。

（3）仿真结果表明，20dB 时的解调门限为-6～-8dB，虽然可以通过增加重复来使 MCL 进一步提高，但边缘速率也会进一步下降。

那么问题又来了，3.75kHz 相对于 15kHz 的价值是什么？

（1）覆盖增强的场景下支持的容量更大。参考仿真结果，边缘速率为 210bps 时，3.75kHz 与 15kHz 的 MCL 均能达到 164dB，也就是说 15kHz 频谱可以支持一个 15kHz 的边缘速率 210bps 的用户，也可以支持 4 个 3.75kHz 的同样边缘速率的用户。此时 3.75kHz 技术的系统容量是 15kHz 的 4 倍。

（2）支持更多的信道数与更小的调度粒度，小包业务模型下的系统利用效率更高。

2.5　链路预算表

这里将 NB-IoT 与 GPRS 的链路预算表做一个对比，详见下表。

Parameter	Legacy GPRS		NB-IoT	
	DL	UL	PDSCH In-Band(2*1.6W)	PUSCH 15kHz
Data rate(bps)	20k	20k	670	160
（1）Tx Power in Occupied Bandwidth (dBm)	43	33	35	23
（2）Thermal Noise Density (dBm)	−174	−174	−174	−174
（3）Occupied Bandwidth (kHz)	180	180	180	15
（4）Receiver Noise Figure (dB)	5	3	5	3
（5）Interference Margin (dB)	0	0	0	0
（6）Effective Noise Power (dBm) = (2)+10log10((3))+(4)+(5)	−116.4	−118.4	−116.4	−129.3
（7）Required SINR (dB)	10.4	7.4(考虑处理增益)	−12.6	−12
（8）Receiver Sensitivity (dB) = (6)+(7)	−106	−111	−129	−141.3
（10）Maximal Coupling Loss (dB) = (1)-(8)	149	144	164	164.3

这里每一项的具体细节在相关章节会做详细讲解，此处仅给出一些关键的结论：

（1）NB-IoT 比 GSM MCL 可以大 20dB，这都将转化为覆盖增益。

（2）上/下行都可以做到 20dB 增益，前面已经说过因为移动通信系统一般均为上行受限，我们这里提到的 20dB 的增益一般也是指上行。

第3讲 NB-IoT 小功耗之 前戏要做足

上一讲吴老师谈到了 NB 的强覆盖技术，本讲来讲述 NB 的节电技术，响应国家节能环保的号召。

首先深入了解当前主流通信系统 LTE 的节电技术，重点是 DRX（discontinuous reception，不连续接收）。一来是 NB 中还大面积采用了该技术，二来它将帮助你理解 NB 中的两大节电技术（eDRX 和 PSM）。希望大家能在其中看到技术发展的延续性。

3.1 DRX 概述

在现网任何一个移动通信系统中，终端都不是时时刻刻都在工作的。这就像人不能 24 小时上班，需要休息一样。在通信系统中设计了一套叫做 DRX 的机制使得终端可以休息，在休息的过程中，因为关闭了收发信机（Tx/Rx），从而达到了节电的目的。

DRX（discontinuous reception），又称不连续接收，它的主要思想有以下两个。

（1）通过设计一套定时器，使得终端和网络具有严格的时间同步，以防出现终端在"睡觉"，但网络不断地在"呼"你；或者你在工作日睡觉不定闹钟，睡到自然醒，结果上班迟到。

（2）终端侧与网络侧设计一套沟通机制，方便终端与网络商量"自己是不是可以去睡觉了"、"什么时候去睡觉"。

实际上，网络侧设计了三种可以让终端"去睡觉"的场景，分别是 Idle DRX、Connected DRX、RRC Inactive Timer。下面分别进行介绍。

3.2　场景一：Idle DRX

大家都知道，正常情况下，人们早上被闹钟叫醒去上班，晚上到点下班回家，更关键的是我们还有期待的双休日和假期，非常具有规律性。

同理，LTE 终端会跟网络侧协商好一套工作排班表，下面介绍其工作原理。

处于 Idle 模式下的终端，可以使用非连续接收（DRX）的方式去监听寻呼消息（实际上寻呼消息（paging）周期与 Idle 态的 DRX 周期是完全耦合在一起的）。终端在一个 DRX 的周期内，可以只在相应的寻呼无线帧（PF）上的寻呼时刻（PO）先去监听 PDCCH 上是否携带有 P-RNTI，进而去判断相应的 PDSCH 上是否有承载寻呼消息。如果在 PDCCH 上携带有 P-RNTI，就按照 PDCCH 上指示的 PDSCH 的参数去接收 PDSCH 信道上的数据；而如果终端在 PDCCH 上未解析出 P-RNTI，则无须再去接收 PDSCH 信道，就可以依照 DRX 周期进入休眠。

在一个 DRX 周期内,终端可以只在 PO 出现的时间位置上去接收 PDCCH,然后再根据需要去接收 PDSCH。而在其他时间可以睡眠,以达到省电的目的。在 LTE 的物理层协议中,其无线帧帧号的重复周期是 1024,因此每个无线帧帧号的取值范围是 0~1023。每个无线帧又被分成 10 个子帧,其子帧编号的取值范围是 0~9。因此终端需要先计算出所监听的 PDCCH 出现的无线帧帧号(PF),然后再计算出无线帧帧号上的寻呼时刻(PO),就可以精确地知道所监听的 PDCCH 物理信道的具体位置,其原理示意图如下:

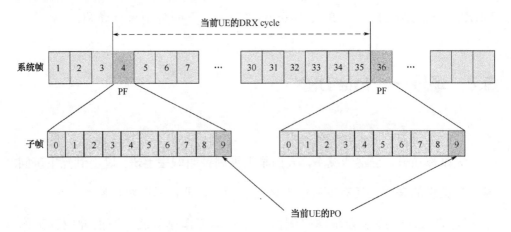

以上图为例,终端在 320ms 的周期内,只需要醒来一次,做一次寻呼消息接收和测量,其他时间都在睡觉,从而达到省电的目的。

从中也可以看出如果 DRX cycle 周期拉得越长,终端也就越省电,如将 DRX cycle 设置为 1280ms 比设置为 320ms 的终端空闲态待机时间增加近 40%。

注意:这里必须指出,空闲态 DRX 和 paging 周期是完全耦合的,甚至可以将两者等同。关于 paging 的内容在后续章节中还会详细讲解。

3.3　场景二：Connected DRX

这种机制也称为 C-DRX，即连接态 DRX，这种休息模式是见缝插针，忙里偷闲，是要终端进行许多条件的判断后才可以休息（比如午睡），比如咱们上班一族，首先得看是否有睡觉的地儿，第二看时间是否充裕，第三看当天的工作能否做得完。

下面介绍连接态 DRX 最简单的工作原理。

» 在连接态 DRX 工作模式下，UE 不能一直关闭接收机，必须周期性打开接收机，并开始在之后一段时间内持续侦听可能到来的信令，这段时间称为 On Duration，由定时器 On Duration Timer 控制。

» 连接态终端在时间轴上划分为激活期和休眠期。激活期由 On Duration Timer 控制，休眠期由 Long DRX Cycle 减去 On Duration Timer 的时间决定，它决定了休息时间的长短，这两者的转换间隔为毫秒级。

» 终端之所以能在工作的状态下抽空休息是因为数据业务在使用中具有突发性，数据业务发生的时间短，但频率高，呈梳齿状。

» 休眠期不接收 PDCCH，不上报 CQI/PMI/RI，不发送 SRS，从而省电。

» 激活期越长，则业务处理越及时，但接收机在同一个周期内工作时间长，UE 耗电量越大。激活期越短，则 UE 越省电，但接收机在同一个周期内保持关闭的时间越长，业务时延越长。

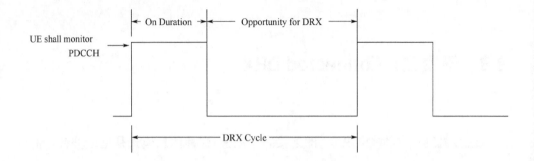

实际上，连接态下的 DRX 工作可没这么简单。

» 终端周期性进入激活期，当业务连续时保持在激活期。也就是说终端如果真的有业务要传，就不能去"睡觉"，除非在干完当前的活后 on duration Timer 控制的时间内都是"没事可干"，才可以再去"睡觉"。可见 on Duration Timer 在满足一定条件后才会停止，也就是说激活期的时长可能要比 on Duration Timer 长。

» 仅仅靠这两个定时器是没法确保正常工作的，还要考虑到一些特殊情况。在 DRX 激活期包括 on Duration，同时也包括其他 DRX 相关定时器处于工作状态应该打开接收机的时间段。其他定时器是指 DRX Inactivity Timer、DRX Retransmission Timer 和 DRX UL Retransmission Timer。

  › DRX Inactivity Timer 定时器用于判断 UE 的激活期是否因为新传或重传数据的到达而扩展。

  › DRX Retransmission Timer 定时器定义了 UE 处于激活期等待下行重传的最长等待时间。如果该定时器超时，UE 依旧没有收到下行重传数据，则 UE 不再接受该重传数据。

  › DRX UL Retransmission Timer 定时器定义了 UE 处于激活期等待上行重传的最长等待时间。如果该定时器超时，UE 依旧没有收到

上行重传数据，则 UE 不再接受该重传数据。HARQ RTT（非设定）定时器定义了从下行数据包到重传该数据包的时间间隔，用于判断何时启动延长激活期相关定时器。

下图为考虑了上述因素后，连接态 DRX 的工作原理：

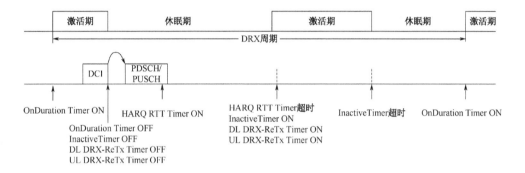

实际上，为了进一步省电，LTE 中还设定了长周期和短周期的 DRX，以上讲到的即为长周期的 DRX，短周期的 DRX 工作原理还要更复杂些。

可喜的是，NB-IoT 仅支持长周期 DRX，所以短周期的 DRX 就不再讲述。

3.4　场景三：RRC Inactive Timer

LTE 系统还设计了 RRC Inactive Timer，这是主动让终端去休息的机制。简单来说就是：如果你是弹性工作制，该你干的活早就干完了，那么领导就直接跟你说：你活干完了，可以早点下班休息去了。其技术原理如下。

>> 用户处于连接态但又无业务发生时，仍然会占用少量空口控制信令资源（如 PUCCH 资源、上行 sounding 导频等），且 UE 耗电量大。

>> 基站通过用户业务监测，满足一段时间上/下行均无业务发生时，就

主动释放用户资源，将用户迁移到空闲态，这样可以提高空口资源利用率，同时减小 UE 的耗电。

» 具体工作原理为：在 eNodeB L2 MAC 检测到 DRB 上/下行都没有数据接收/发送之后，启动计时器，在当该计数器满足 UE 不活动定时器配置值后，L2 层上报 L3 层发起释放（L3 层在 S1 口会向核心网发送 S1AP_UE_CONTEXT_REL_REQ 消息，且消息内携带的原因值为 User-inactivity）。

» 根据业务特点，LTE 网络一般在全网开启，开启此定时器取值为 10s。

» 取值过小，会带来额外的随机接入信令开销；取值过大，会使无业务 UE 长期占用系统资源。

对于同时开启了 C-DRX 和 Inactive 状态的终端，使用时间能提升近 50%。

3.5 小结

基于终端耗电量的考虑，网络主要设计了 DRX、C-DRX（仅仅支持长周期）、RRC Inactive Timer 这三种方式让终端"休养生息"。

有了以上的基础，下讲吴老师可以正式介绍 NB 更节电的技术了。

第4讲 NB-IoT 小功耗之太极拳

那么，NB 中对于终端功耗的目标是什么呢？

答案是：基于 AA（5000mAh）电池，使用寿命可超过 10 年。

下面吴老师重点介绍 NB 中主要用到的两种节电技术，分别是 PSM 和 eDRX。

4.1 PSM

PSM（Power Saving Mode）的技术原理非常简单，即在 Idle 态下再增加一个新的状态——PSM（Idle 的子状态），在该状态下，终端射频关闭，相当于关机状态，但是核心网侧还保留用户上下文，用户进入空闲态/连接态时，无须再附着/PDN 建立。此功能在 3GPP 的 Release 12 被引入，相关协议规范在 "24.301 Power saving mode" & "23.682 UE Power Saving Mode" 之中。PSM 简要工作原理见下图。

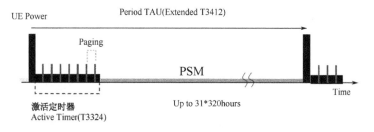

PSM 状态、Idle 状态及 Connected 状态之间的转换关系如下图所示：

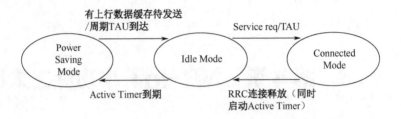

终端何时进入 PSM 状态，以及在 PSM 状态驻留的时长由核心网和终端协商。如果 IoT 设备支持 PSM（Power Saving Mode），在附着或 TAU（Tracking Area Update）过程中，将向网络表明其能力，从而两者之间协商好定时器值。PSM 模式有两个定时器，分别为 T3324（Active Timer）和 T3412 Extended（Extended TAU）。协议对原 LTE 中的 T3412 的时长进行了扩展，增加了 T3412 extended 字段，最大时长可达 31*320 小时。

进入 PSM 模式后设备不再接收寻呼消息，看起来设备和网络失联，但设备仍然注册在网络中。对于被叫业务，因为 UE 只有在 Active Time 这段时间内才能进行业务，所以 UE 要等到周期 TAU 定时器超时后需要执行周期 TAU 时，才会退出 PSM 模式，这个时候才能进行被叫业务。也即在 PSM 状态时，下行是不可达的，数据到达 MME 后，MME 通知 SGW 缓存用户下行数据并延迟触发寻呼。当然对于上行来说，当上行有数据/信令需要发送时（即有主叫业务），终端立即可以退出 PSM 状态，通过触发随机接入流程而进入连接态。

PSM 和上行数据发送的关系见下图。

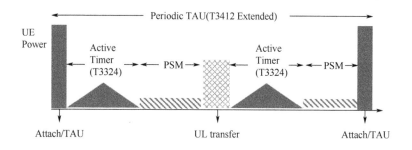

这里引用一些数据来说明 PSM 模式下的省电效果,从中可见 PSM 模式下耗电量是普通空闲状态下的 1/200,省电效果更佳。

电压	激活态	Paging 监听态	空闲态	PSM
3.6V	120mA	30mA	1mA	0.005mA

PSM 的优点是可进行长时间睡眠,缺点是对 MT(被叫)业务响应不及时,主要应用于表类等对下行实时性要求不高的业务。实际上,物联网设备的通信需求和手机是不同的,也正因如此,才可以设计 PSM 模式。物联网终端通常来说主要的业务模式为发送上行数据包,而且是否发送数据包是由它自身来决定的,不需要随时等待网络的呼叫,而手机则无时无刻不在等待网络发起的呼叫请求。如果按照 2/3/4G 的方式去设计物联网的通信,那么意味着物联网的设备的行为也如同手机一样,会浪费大量的功耗在监听网络随时可能发起的请求上,从而无法做到低功耗。

基于 NB-IoT 技术,物联网终端在发送数据包后,立刻进入一种休眠状态,不再进行任何通信活动,等到它有上报数据的请求的时刻,它会唤醒它自己,随后发送数据,然后又进入睡眠状态。按照物联网终端的行为习惯,将会达到 99%的时间在休眠状态,使得功耗非常低。

4.2 eDRX

在 DRX 部分，吴老师已经谈到，DRX 状态被分为空闲态和连接态两种，以此类推 eDRX（Extended DRX）也可以分为空闲态 eDRX 和连接态 eDRX。不过在 PSM 中已经解释，IoT 终端大部分处于空闲态，所以这里主要讲解空闲态 eDRX 的实现原理。

eDRX 作为 Rel-13 中的新增功能，主要思想即为支持更长周期的寻呼监听，从而达到节电目的。传统的 2.56s 寻呼间隔对 IoT 终端的电量消耗较大，而在下行数据发送频率小时，通过核心网和终端的协商配合，终端跳过大部分寻呼监听，从而达到省电的目的。与 PSM 模式定时器的协商原理一样，终端和核心网通过 attach 和 TAU 流程来协商 eDRX 的长度（最高可达 2.92h）。

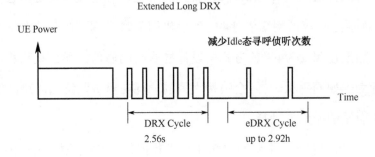

引用一些数据进行说明：

DRX(24h)	eDRX(24h)
24mAh	1.5mAh

可见 eDRX 耗电是 DRX 的 1/16，省电效果非常明显。

必须说明的是：eDRX 虽然在节电效果上与 PSM 相比要差些，但是相对

于 PSM，它大幅度提升了下行通信链路的可到达性。

4.3　PSM 和 eDRX 的关系

（1）PSM 和 eDRX 都是属于 3GPP 协议中的技术，且对 NB-IoT 和 eMTC 都是适用的，如下图所示。

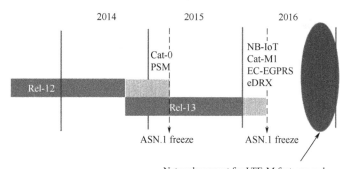

（2）我们在做通信解决方案的时候，一个基本原理是"没有免费的午餐"，总体资源一定的前提下，任何性能提升都是有代价的。从上面的分析可知，不管是 PSM 还是 eDRX，都可以看成是提升深度睡眠时间的占比，以降低功耗，实际上牺牲了实时性要求。相比较而言，eDRX 的省电效果差些，但是实时性好些。这也就是为什么在有了 PSM 后还仍需要 eDRX 功能，因为各有所长，又各有所短，它们正好可以用来适配不同的场景，比如 eDRX 可能更适合于宠物追踪，而 PSM 可能更适用于智能抄表业务。

（3）尤其需要指出的是，NB-IoT 目标是针对典型的低速率、低频次业务模型，容量电池寿命达 10 年以上。对于这个 10 年的使用寿命，它的假设条件如下：根据 TR45.820 的仿真数据，在 PSM 和 eDRX 均部署的情况下，如果

终端每天发送一次 200 byte 报文，5000mAh 电池寿命可达 12.8 年。这也就是说终端工作在最慵懒的状态下，每天仅仅发送一次 200 byte 的报文，这几乎是不工作的状态，所以这也是极端场景。对于电池寿命的计算是个大的技术活，在此不细谈。

（4）UE 可以同时请求激活 PSM 和 eDRX，由 MME 决定仅 PSM、仅 eDRX，或者两个都生效。如果两者都激活，PSM 和 eDRX 关系如下图所示。

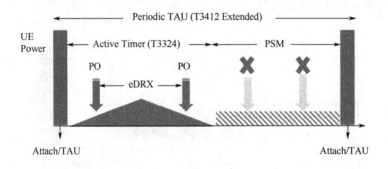

（5）CMCC 目前的策略是 PSM 为必选项，现网试点中主要开的也是 PSM 技术。

4.4　节电技术小结

如果将空闲态 DRX 看作是下班回家休息的话，那么不妨将连接态 DRX 看作是午睡、eDRX 看作是过周末、PSM 看作是国外度年假。这样一来，各个技术的节电原理和节电效果基本就很容易理解了。

第 5 讲　NB-IoT 低成本之葵花宝典 1

　　本讲开始谈 NB 是通过哪些手段来降低成本的，主要包括硬件"剪裁"和软件"简化"两个方面。

　　话说 NB-IoT "出山"之前，物联网的江湖上已经有 Sigfox、LoRa、ZigBee 等诸多成名高手，其产业链较为成熟，商业化应用较早。此外，这些高手的看家本领基本都有一招叫做"成本低廉"，比如蓝牙、ZigBee 等标准的芯片价格在 2 美元左右，仅支持其中一种标准的芯片价格还不到 1 美元。正因如此，NB-IoT 在下山之前就暗暗苦练葵花宝典，才使得 NB-IoT 在后续行走江湖时，唯快不破（便于大规模应用，市场推广容易），从此有了纵横江湖的实力。

　　归纳起来看，为了低成本，NB 作了以下两个方面的改进。

　　» 　硬件剪裁：包括采用 FDD 半双工模式及裁剪不必要的硬件

　　» 　软件简化：包括简化物理层及协议栈，降低运算要求

　　本讲主要讲解通过硬件剪裁来降低成本，下讲重点讲解软件简化。

5.1　采用 FDD 半双工，降低器件复杂度

　　提到双工方式，大家估计都笑了，这多简单啊，不过吴老师还是得提醒你，

也许没有你想的那么简单。就双工问题，吴老师来帮你翻翻老黄历，炒炒这盘夹生饭。

（1）双工方式在通信系统中处于什么样的地位？

双工是一切通信系统的底层设计，也是通信系统最核心的标签。例如在 LTE 系统中，常见的双工方式就是 TDD（Time Division Duplex）和 FDD（Frequency Division Duplex）两种，正因双工方式的不同从而形成了 TD-LTE 和 FDD-LTE 两种 4G 技术。

（2）双工的作用是什么？

吴老师理解是：怎么区分上下行。比如最常见的区分方式为频率区分和时间区分，示意图如下图所示。

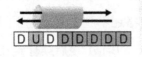

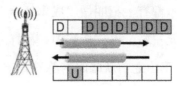

（3）双工方式怎么分类？

双工方式简单分为 FDD 和 TDD 两类。

NB-IoT 支持的是 FDD 半双工模式。那么什么叫做 FDD 半双工？

据前所述，在蜂窝通信系统中，根据发送信号双工方式不同，可以分为 TDD 和 FDD 两种双工方式。实际上，其中 FDD 双工方式可进一步分为全双工 FDD（Full-Duplex FDD）和半双工 FDD（Half-Duplex FDD，HD-FDD），如下图所示。

下面对全双工和半双工方式做进一步说明：

» 全双工（Full Duplex）是指在发送数据的同时也能够接收数据，两者
同步进行，这好像我们平时打电话一样，说话的同时也能够听到对方
的声音。目前的网卡一般都支持全双工。全双工可以得到更高的数据
传输速度。

» 半双工（Half Duplex）是指一个时间段内只有一个动作发生，就如
一条窄窄的马路，同时只能有一辆车通过，当目前有两辆车对开，这
种情况下就只能一辆先过，等到头后另一辆再开。这个例子形象地说
明了半双工的原理。早期的对讲机，以及早期集线器等设备都是基于
半双工的产品。

（4）半双工怎么节约成本？

NB-IoT 基于成本考虑，对 FDD-LTE 的全双工方式进行改进，仅支持半
双工。其带来的好处当然是终端实现简单，影响是终端无法同时收发上下行，
其工作示意图如下图所示：

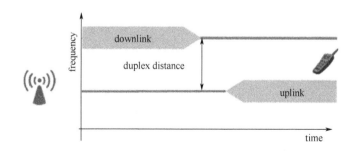

» 上行传输和下行传输仍在不同的载波频段上进行（FDD）；

» 基站/终端在不同的时间进行信道的发送/接收或者接收/发送；

» H-FDD 与 F-FDD 的差别在于终端不允许同时进行信号的发送与接收，终端相对 F-FDD 可以简化，只保留一套收发信机即可，从而节省双工器的成本；

» 吴老师还告诉同学们一个秘密：早期的 GSM 手机的工作原理与此相同！此处不详细介绍，只提供一个经典的 GSM 手机工作原理图供参考。

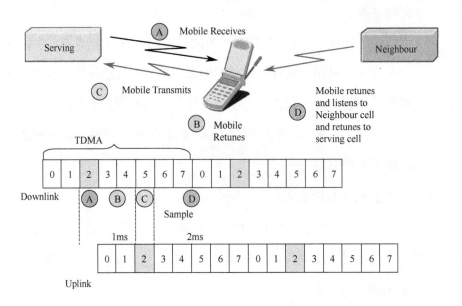

（5）NB 支持 TDD 吗？

NB 仅支持 FDD 模式。这里特别提醒，在现网中一般来说 TDD 和 FDD 的 RRU 设备是没法共用的，那么这将对后续设备组网复用带来很大的影响。

举例说明：大家知道，对于 CMCC，现网采用的是 TD-LTE，因为 NB 仅支持 FDD，所以后续 NB 是没办法与现网 TD-LTE 的 RRU 共用（复用）。不用担心，条条大路通罗马！对于 CMCC 来说，虽然 NB 没办法跟现网

TD-LTE 共设备，但是还有其他办法，比如与 GSM 共设备。关于组网问题，场景非常复杂，这里不展开讲解。

5.2　新硬件结构，裁剪不必要的硬件

我们来看看目前主流的 Cat-4 终端和 NB-IoT 终端的硬件对比图。

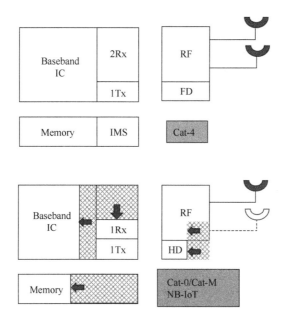

看了这幅图，吴老师估计你已经一片茫然了。别急，吴老师带你读懂这些不同点。

（1）终端侧 RF 进行了改进，当前来看，主流 NB 终端支持 1 根天线（当然，协议规定 NRS 支持 1 或者 2 个天线端口）。

（2）终端天线模式从原来的 1T/2R 变成了现在的 1T/1R，天线本身复杂度降低，当然也包括天线算法都将有效降低。

（3）原 LTE 的 FD 全双工改进为 HD 半双工，收发器从 FDD-LTE 的两套减少到只需要一套，双工器成本直接减少一半。

（4）低采样率，低速率，可以使得缓存 Flash/RAM 要求小（28 kB）。

（5）低功耗，意味着 RF 设计要求低，小 PA 就能实现（高质量的功放可不便宜，这点可以从音响的价格差异来印证）。

（6）直接简化 IMS 协议栈，这也就意味着 NB 将不支持语音（注意实际上 eMTC 是可以支持的）。

（7）这里说明一下，NB-IoT 中暂时不支持语音，这包括上面谈到的 IMS 语音，比如 VoLTE，当然也包括 CS 域的语音，例如 CSFB。但是 NB 实际上是支持短信业务的，这点在讲解网络结构的时候会谈到短信业务的实现。

第6讲　NB-IoT 低成本之葵花宝典 2

第 5 讲中吴老师已经讲完 NB 通过硬件 "裁剪" 等手段降低成本，本讲主要讲软件 "简化"，如信道简化、协议栈简化、产业链等对成本的影响。

6.1　根据终端窄带特性，简化信道及物理层

NB-IoT 终端工作带宽仅为传统 LTE 的 1 个 PRB 带宽（180kHz），带宽小使得 NB 不需要复杂的均衡算法。带宽变小后，也间接导致原有宽带信道、物理层流程简化，下面仅粗略讲解。

» 简化信道：去除了 PHICH、PCFICH、PUCCH、SRS 等信道/信号。下行取消了 PCFICH、PHICH 后将使得下行数据传输的流程与原 LTE 存在很大的区别。同样一旦上行取消了 PUCCH，那么必然要解决上行控制消息如何反馈的问题，这也将与现网 LTE 有很大的不同！这些将在物理层部分做详细讲解。

» 简化盲检次数到 4 次（还记得 LTE 中常说到的 PDCCH 盲检 44 次吗？并且终端还得每 1ms 就做这样的盲检，这都将是复杂的运算量）。

» 减小最大 TBS(Transport Block)传输块，从而必然降低了峰值速率：下行最大 680 bits，上行最大 1000 bits。关于 TBS 如何影响峰值速率将在物理层讲解，具体见 NPDSCH 和 NPUSCH 信道章节。

» 简化调制编码：调制方式仅支持 QPSK、BPSK，不支持 LTE 中的 16QAM、64QAM，编码这块下行仅支持 TBCC 码。这里意味着可靠性得到了保证，但速率会下降。另外，这里也肯定告诉你 AMC 算法将取消或者简化。总之，需要思考的问题很多。

注意：物理层是一个通信系统最重要，又最难学的内容，本书在第二篇中将用大篇幅来讲解物理层的技术细节。

这里归纳一下：带宽小、速率低、信道简化这三个主要因素将降低芯片成本。

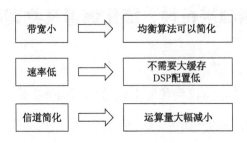

6.2　新空口协议栈，阉割芯片运算能力

下面从整个协议栈的角度来看 NB 的简化。我们将传统的 LTE 和 NB 的协议栈进行一个对比，从中可以看到 NB 是如何进行简化的。

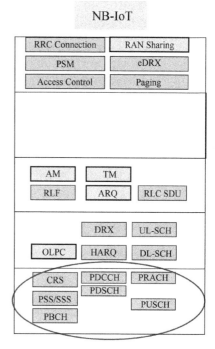

（1）PHY 物理层：信道重新设计，进行了简化，降低实现难度的同时降低了基本信道的运算开销。比如 PHY 层取消了 PCFICH、PHICH 等信道，上行取消了 PUCCH 和 SRS。

（2）MAC 层：协议栈优化，减少芯片协议栈处理流程的开销。这里重点讲解一下，因为在吴老师看来，MAC 在 LTE 中起的作用实在是太重要了！举个例子来说，如果说物理层是房子根基的话，那么 MAC 层就是房子的顶梁柱！不可思议的是，NB 中对 MAC 层进行了大面积的简化：

» 仅支持单进程 HARQ（说明两点：一是 NB 中仍然有 HARQ 重传机制，二是相比于 LTE 最多支持 8 个进程，NB 仅支持单个进程。说明数据传输中，在没有得到 NACK/ACK 反馈之前终端都必须等待！这就完全颠覆了 LTE 中多进程同时传输提升传输速率和效率的基本思想）。

039

>> 不支持 MAC 层上行 SR、SRS、CQI 上报。

>> 不支持非竞争性随机接入功能。

>> 功控方面没有闭环功控了，只有开环功控。

（3）RLC 层：不支持 RLC UM（这意味着没法支持 VoLTE 类似的语音）、TM 模式（这意味着原来在 LTE 中走 TM 的系统消息，在 NB 中也必须走 AM）。

（4）PDCP：功能被大面积简化，RoHC 压缩等功能直接被舍弃，控制面优化传输模式下直接舍弃了 PDCP 层。被简化后，NB 中 PDCP 的功能很弱。

（5）RRC 层：没有了 mobility 管理，这意味着 NB 将不支持切换；新设计 CP、UP 方案简化 RRC 信令开销；增加了 PSM、eDRX 等功能，减少耗电。

注意：吴老师对各层协议栈进行说明的时候，所列出各层的顺序，是遵循协议栈结构的，事实上这样的顺序是大家理解协议栈的一个基本套路，也是在学习任何一个通信协议栈的时候所建议的学习顺序。理解了这点，你也就能猜到后面吴老师在讲解 NB 技术细节时候的规律了。

需要特别提醒的是，NB 的协议栈是在 LTE 的协议栈上进行修改得来的，彼此之间还存在一定的联系，这是因为当前 LTE 的发展形势一片大好，已经形成了完整的产业链，站在 LTE 这个巨人的肩膀上，对后续 NB 成本的降低大有好处。

6.3　产业链及运营等影响成本的因素

吴老师认为还有另外两个成本因素需要重点考虑，一是运营商的建网成本，另一个是产业链的成熟度。

>> 对于运营商建网成本，与 LoRa 相比，NB-IoT 无须重新建网，射频

和天线基本上都是复用的。以 CMCC 为例，900MHz 里面有一个比较宽的频带，只需要清出来一部分 2G 的频段，就可以直接进行 NB-IoT 的部署。

» 对于产业链来说，芯片在 NB-IoT 整个产业链中处于基础核心地位，现在几乎所有主流的芯片和模组厂商都有明确的 NB-IoT 支持计划。比如华为公司 Neul 的芯片实现的比较早，已有成熟芯片；高通的芯片在 2016 年第四季度发布，而且高通的芯片是 NB-IoT 和 eMTC 双模的芯片；Intel 的芯片在 2016 年第四季度提供第一批芯片，商用芯片也是在 2017 年发布；MTK 的芯片也在研发当中；中兴微、大唐的芯片也都在研发当中。

» NB 在物理层下行采用 OFDMA，上行采用 SC-FDMA，这点与 LTE 基本保持一致。另外在帧结构中也有很多是"就 LTE 而取材"的。此外，在后续讲解 NB 的三种工作模式时，你会更清楚地看到 NB 是如何与 LTE "共呼吸同命运的"。总而言之，NB 从 LTE 而来，继承了很多 LTE 的实现，且 NB 比 LTE 又要简化得多，所以这对后续研发成本、量产成本带来非常多的好处。

6.4　芯片成本进展

（1）沃达丰集团研发主管 Luke Ibbetson 认为："如果产业链不能将单模块成本降到两三美元以下，实现大规模应用，NB-IoT 市场就做不起来。我们需要从全局角度出发，以极低的成本将物联网模块嵌入设备中。"

（2）华为总裁胡厚崑认为，要想刺激 NB-IoT 大规模发展，通信模块成本必须低于 5 美元。如果成本降到 1 美元以内，则会带来爆发式增长。

所以，尽管 NB-IoT 市场前景广阔，但火热背后也存在着价格战。NB-IoT 成本极低，大规模应用下成本应降至 1 美元，目前单个连接模块的价格还停留在 5 美元。而这种价格差距让企业思考 NB-IoT 时不得不考虑成本优势问题，虽然运营商正在积极推动，最终要真正实现技术的产品化还有很长的一段路要走。

6.5　低成本小结

吴老师用了两讲的篇幅对 NB 低成本问题进行了阐述，下面将低成本内容进行小结。

- » 硬件上进入剪裁模式，能省就省，能砍就砍；
- » 协议栈上对物理层、MAC 等进行了重大简化，降低运算能力；
- » 在产业链上尽量借力。

那么 NB 节省成本的最终目标是什么？请记住 1 美元！

第7讲　NB-IoT 大连接之 乾坤大挪移

本讲接着介绍 NB 的最后一个典型特性：大连接。我们不妨将大连接类比于乾坤大挪移这门武功。今天要讲解的 NB 的大连接也正应了乾坤大挪移中的：发挥每个基站本身"所蓄有的潜力"，使得一个基站"弱者能负千斤"。

鲁迅在《秋夜》中写道：在我的后园，可以看见墙外有两株树，一株是枣树，还有一株也是枣树。而吴老师在写大连接这讲的时候，有两个感受，一个是惊呆了，还有一个也是惊呆了。

» 第一个惊呆了是因为 NB 的容量设计确实很大，可以说是海量连接，每小区可达 50k 连接数，这意味着在同一基站的情况下，NB-IoT 可以比现有无线技术提供 50~100 倍的接入用户数。

» 第二个惊呆了是因为在翻阅资料的时候，发现对于 NB 的容量问题是笔糊涂账，A 说是 50k 连接数/小区，B 说是 100k 连接数/小区。对于一个严谨的工科男来说，这简直是不负责任的态度。在查阅多方资料毫无头绪的情况下，我只能通过翻阅"通信圣经"——3GPP 协议，去寻找答案。

7.1 NB-IoT 的用户密度估算

感兴趣的读者可以阅读《3GPP TR45.820》的附录 Annex E: Traffic Models（容量模型）。

E.1 Cellular IoT device density per cell site sector

The cellular IoT device density per cell site sector is calculated by assuming 40 devices per household. The household density is based on the assumptions of TR 36.888 [3] for London in Table E.1-1.

解释：NB 的用户密度基于两个假设，第一个是假设每个家庭的 NB 用户数在 40 个，第二是家庭的密度参考的是伦敦。

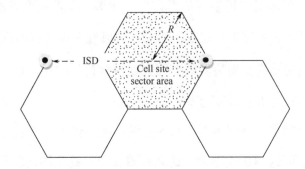

计算过程：

» Inter-site Distance (ISD) = 1732m（站间距）

» Cell site sector radius, R = ISD/3 = 577.3m（通过站间距求得小区半径）

» Area of cell site sector (assuming a regular hexagon) = 0.86 Sq km（通过小区半径计算出单个小区的覆盖面积）

» Number of devices per cell site sector = Area of cell site sector*Household density per Sq km*number of devices per household= 52547（小区用户数=小区覆盖面积×家庭密度×每个家

庭中的用户数=52547）

» Table E.1−1: Device density assumption per cell

Case	Household Density per Sq km	Inter-site Distance (ISD) (m)	Number of devices within a household	Number of devices within a cell site sector
Urban	1517	1732 m	40	52 547

到这里，总算明白了 3GPP 关于 NB 的容量目标，看起来是不是觉得很"高大上"？

注意：NB 的理论容量是 1 个小区需要达到 50k 用户的容量。

7.2　单小区 50k 连接数如何做到?

（1）NB 的话务模型决定。

NB-IoT 的基站是基于物联网的模式进行设计的。物联网的话务模型和手机不同，它的话务模型是用户很多，但是每个用户发送的包较小，且发送包对时延的要求不敏感。当前的 2/3/4G 基站设计思想是保障用户可以同时做业务并且保障时延，基于这样的方式，用户的连接数是控制在 1k 个左右的（单小区典型用户为 400 个）。但是对于 NB-IoT 来说，基于对业务时延不敏感，可以接纳更多的用户接入，保存更多的用户上下文，这样可以让 50k 左右的用户同时在一个小区,大量用户处于休眠态,但是上下文信息由基站和核心网维持，一旦有数据发送，可以迅速进入激活态，原理见下图。

说得通俗点就是：NB 终端大部分时间都在"睡觉"（最大"睡觉"时间为 31*320 个小时），可以"不做业务"。所以基站可以"接纳更多的用户"。具体细节可以见 NB-IoT 小功耗部分。

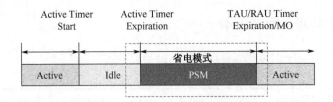

在 3GPP TR45.820 的附录 Annex E: Traffic Models（容量模型）中还给出了 NB 的用户模型，包括话务模型及用户分布模型，据此即可计算出容量。不过因为容量计算必须考虑上行业务信道容量、下行业务信道容量、寻呼容量和随机接入容量等方面，这些跟 NB 的信道和传输原理直接相关，技术细节多且难度大，这里暂时不做过多讲解。

（2）上行调度颗粒小，效率高。

2/3/4G 的调度颗粒较大，NB-IoT 因为基于窄带，上行传输有两种带宽 3.75kHz 和 15kHz 可供选择，子载波带宽越小，上行调度颗粒越小，越灵活，在同样的资源情况下，资源的利用率会更高。

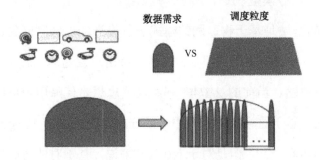

（3）减小空口信令开销。

这在 NB-IoT 低成本部分已经讲解过，此处不再赘述。这里仅以 NB-IoT 数据传输时所支持的控制面优化传输方案，即 CP 方案（实际上 NB 还支持 UP 方案，不过目前系统主要支持 CP 方案）做对比来阐述 NB 是如何减小空口信令开销的。CP 方案通过在 NAS 信令传递数据，实现空口信令交互减少，从而降低终端功耗，提升了频谱效率，以下为 LTE 与 NB-CP 方案信令对比：

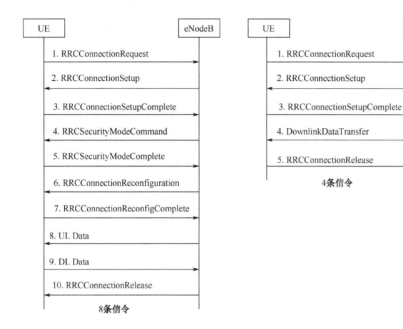

7.3　实际容量估算

下面仅仅给出现网容量估算的方法和结论，具体估算见后续讲解。

» 从业务模型出发计算每天单用户发起业务的次数，从用户分布模型计算不同 MCL 覆盖等级的比例，原因是不同覆盖等级会配置不同的重传次数，直接影响容量。

» 根据不同覆盖等级的重发次数，分析上下行开销。

» 分别计算上行业务信容量、下行业务信道容量、寻呼容量、随机接入容量。

» 综合考虑不同容量结果的受限结果即为极限容量。

» 理论计算结果参考下表，具体技术细节可以暂时忽略，大家只要了解结论为在满足某些条件的情况下，NB 小区容量能达到 50k 用户/小区。

部署方式	综合容量	随机接入信道容量	下行业务信道容量	上行业务信道 ST 3.75K	上行业务信道 ST 15K	寻呼容量
Stand-alone	**52909**	52909	153633	326484	114052	141019
Guard-band	**23066**	52909	23066	326484	114052	122589
In-band	**10442**	52909	10442	326484	114052	104398

7.4 关于容量的一些思考

（1）无线侧需要独立的准入拥塞控制。

前面已经讲过，NB 可以跟当前 LTE、GSM 等共存，如直接在 900M LTE 上开启 NB，那么就存在 NB 和 LTE 共控制、共 BBU 等的情况。因为 LTE 的典型接入用户数单小区为 400 个，而 NB 理论上可以达到 50k 个，根本不是一个量级的，无疑，无线侧需要针对 NB 设计一套独立的准入拥塞控制算法。

（2）核心网侧也将面对大容量的压力，必须做好针对性的优化。

物联网用户总数大，而且依然是永久在线（即使终端进入了 PSM "睡美人"状态，核心网依然保存着用户的所有上下文数据），核心网无论是签约、用户上下文管理、还是 IP 地址的分配都有新的优化需求。此外，相对 4G，NB-IoT 核心网的业务突发性更强，可能某行业的用户集中在某个特定的时间段，同时收发数据，对核心网的设备容量要求、过载控制提出了新的要求。

（3）实际上重传增益与容量是一对矛盾体，这点必须清楚。

到此，吴老师就讲解完了 NB 的四大技术特点，从下一讲开始，吴老师将更深入一层，介绍 NB 的一些物理层信道及工作原理！

物理信道篇

　　物理层是一个通信系统最核心的部分、最重要的基本功，也是最难学的内容。物理层设计逻辑之严谨往往令人折服，甚至叹为观止，然而学习起来又让人痛不欲生！

　　下面吴老师将带领大家一起漫步 NB-IoT 的物理层，一起享受这"痛并快乐"的过程！

第8讲　NB-IoT 工作带宽为多少，这是个问题！

从本讲开始，我们将深入到 NB 的物理层技术原理，让大家不光有"瓜吃"，还能知道"好西瓜是怎么种出来的"。本讲主要讨论 NB 的带宽到底是 200kHz 还是 180kHz？

8.1　LTE 带宽分析

大家知道，LTE 设计的目标概括起来就是"三高一低"：高速率、高带宽、高频谱利用率、低时延。其中高带宽和高速率又是耦合在一起的。博士香农告诉我们这样一个定理：

$$R_{\max} = W * \log_2\left(1 + \frac{S}{N}\right)$$

其中，R 为容量（速率），W 为带宽，可见速率和带宽成正比关系。这就是著名的香农公式。你可能不知道的是，实质上它是当前所用通信系统设计的基石，我们也一直在想办法突破香农公式的极限。

如果你看过 LTE 版本的演进，将会发现一件很有意思的事情，LTE 的演进出现了两极分化，一个是继续走"高富帅"的路线，一个反而走"矮矬穷"的路线，如下图所示。

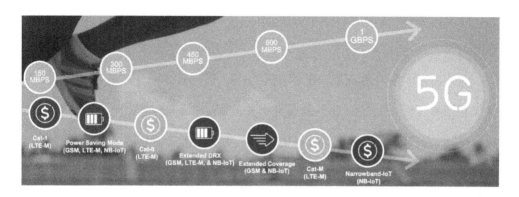

还是基于香农定理，当我们要满足低速率的物联网需求时，很容易就得出，NB 的带宽也将会相对减小。那么问题来了：NB 带宽减小到多少合适？为什么？

在回答这个问题之前，我们不妨再仔细看上面这张图，中间出现过 LTE-M、Cat-0、Cat-M 等词，最后才出现 NB。实际上在讲解 NB 的来龙去脉的时候，我们就已经谈过，3GPP 最开始为了物联网力捧的是 eMTC，后来因为种种原因迅速终结 eMTC 标准后，全力去捧 NB-IoT。

不妨来看 eMTC 物理层最基础的两个特点：

»　系统带宽= 1.4 MHz，6 个 PRB

»　最小的调度时间颗粒，TTI（最小传输时间间隔）= 1 ms

小明同学已经在举手问问题了：

»　小明：吴老师，你不要欺负我读书少！这不是 LTE 最小带宽吗？

»　吴老师：这个问题问得好。那么小明你先回答吴老师另外一个问题，你能告诉我 GSM 和 GPRS 是什么关系吗？

» 小明：这个问题简单，GPRS 是用来全球定位的，GSM 是用来打电话的。

» 吴老师：……

好了，其实大家知道 GPRS 是在 GSM 基础上衍生出来的技术，同理 eMTC 也是基于 LTE 衍生而来的。什么叫做衍生呢？用白话说就是"修修补补"。

但是，为了更好地适应 IoT 的应用场景，基于成本、覆盖等因素考虑，仅仅依靠修补已经不行了（参见强覆盖、小功耗、低成本等章节），所以 3GPP 决心打破 LTE 频率最小带宽的限制（不需要这么大带宽和速率）和 TTI 限制（没必要这么及时传输）。

接下来的问题是 NB 带宽到底降到多少合适？

8.2　NB 是 200kHz?

吴老师刚开始接触 NB 的时候听到的带宽是 200kHz。那么下面咱们做个证明题。

» 已知：GSM 单个频点带宽为 200kHz（多么熟悉的旋律啊）

» 证明：NB 这么设计，以后可以将 GSM 的频率"翻一翻、晒一晒"后直接拿过来用（专业术语叫做 refarming）。

» 结论：so far so good！

» 评语：说好的为了降低成本，尽量将 NB 的实现基于 LTE 的物理层结构的呢？小明请告诉我 LTE 中哪里有 200kHz 的实现？

8.3　NB 是 180kHz？

实际上，为了产业链的考虑（尽量在底层设计上能沿用点 LTE 就沿用点，就像虽然你家重新装修，但是也会基于成本的考虑尽量就着原来的用），NB 在设计的时候采用的是 LTE 的 1 个 RB 的工作带宽，也即 180kHz。以下即为 LTE 的一个 RB 的结构图。

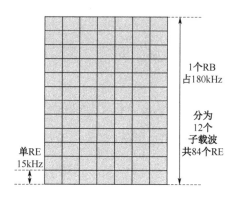

这里仅对纵轴进行解释（LTE 高手请自动跳过）：纵轴代表频率轴，以子载波表示，单个子载波为 15kHz（另一种等效的说法是子载波间隔为 15kHz），每个 RB 有 12 个子载波，所以一个 RB 的总带宽=15kHz*12=180kHz。

当然，如果再加上横轴的时间轴，就可以"切块"出图中的 RE、RB 的概念。

对于 NB 来说，子载波间隔及整体带宽示意图如下：

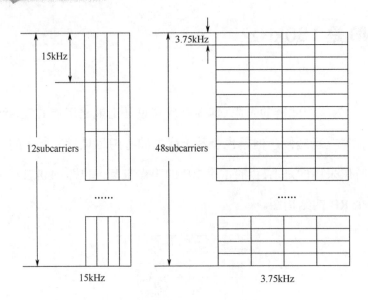

如上图所示，以下行为例，NB 下行子载波间隔与 LTE 保持一致，子载波间隔为 15kHz，共计 12 个子载波，所以实际占用带宽=15kHz*12=180kHz。这里也建议大家自己去计算一下，加深印象。而对于上行，NB 有两种子载波间隔，15kHz 和 3.75kHz。如果是 15kHz，占用带宽计算方法跟下行是一样的。如果是 3.75kHz，则实际占用带宽=3.75Hz*48=3.75Hz*4*12=180kHz，仍是 180kHz。

8.4 为什么大家都在谈 GSM 退频给 NB 用？

这个简单，一句话：退一个 GSM 频点有 200kHz 的带宽，你实际用到的是 180kHz 的带宽，其他用做保护带宽。这个跟买房子是一样的，家里只有三个人住，但是你还是尽量会买三室一厅的房子，这样可以有一间做客房。

无独有偶，我们不妨看 LTE 的带宽特点，配置的是 20MHz 带宽，实际子

载波占用的是 18MHz，两边各留 1MHz 作为保护带宽。

同样，咱们可以做计算推论：

» 已知：子载波间隔为 15kHz，1 个 PRB 在频域上由 12 个子载波组成，20M 带宽下共计 100 个 PRB。

» 求：LTE 20M 情况下实际占用带宽?

» 计算：LTE 实际占用带宽=100*12*15kHz=18MHz

» 所以：保护带宽=20–18=2 MHz，这里也叫做带通滤波器的过渡带，可见过渡带宽平均为 1MHz 左右，相当于等效滚降因子=1/9=0.11。具体请看下图中假想定义的宽带滤波器。

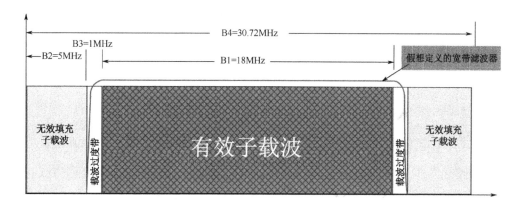

这里吴老师再补充两点：

» 其实说 200kHz 和 180kHz 都是有道理的，从不同的侧面理解而已。

» 当然，如果结合下讲来看，你将意识到在不同的部署方式下（SA、GB、IB 三种），可能是不一样的，但无论是哪种模式，实际工作带宽是 180kHz，这点是毋庸置疑的。

第9讲 NB-IoT 的三种部署方式

上讲吴老师已经谈到 NB 的工作带宽为 180kHz，本讲接着介绍 NB 的三种部署方式（Operation Modes），实际上，这两讲关系非常紧密。

9.1 你到底叫啥名?

首先，吴老师想谈一下关于 Operation Modes 的翻译问题。列举如下：工作模式、工作方式、操作模式、部署方式、部署场景、运行模式……真是让人"眼花缭乱"！其实这些词说的都是一回事，吴老师选择翻译为"部署方式"或者"模式"。

9.2 三种部署方式

NB-IoT 支持在带内（In-Band）、保护带（Guard-Band），以及独立（Stand-alone）共三种部署方式。

三种部署方式示意图如下。

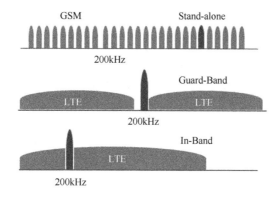

（1）独立部署（Stand alone operation），简称 SA

» 不依赖 LTE，与 LTE 可以完全解耦。

» 适合用于重耕 GSM 频段，GSM 的信道带宽为 200kHz，这刚好为
NB-IoT 180kHz 带宽辟出空间，且两边还有 10kHz 的保护间隔（上
讲已经分析）。

（2）保护带部署（Guard band operation），简称 GB

» 不占 LTE 资源。

» 利用 LTE 边缘保护频带中未使用的 200kHz 带宽的资源块（具体见
上讲），实际占用 180kHz。

（3）带内部署（In-band operation），简称 IB

» 占用 LTE 的 1 个 PRB 资源。所以吴老师推论，为了减小对 LTE 其他
子载波的影响，占用的带宽即为 180kHz。

» 可与 LTE 同 PCI，也可与 LTE 不同 PCI（说明什么问题？一是 NB 也
有 PCI，二是 PCI 也是 504 个）。一般来说如果采用的是 IB 方式，
倾向于设置为与 LTE 同 PCI，不但规划优化简单，而且后续可以做
RSRP 的联合测量。

» 利用 LTE 载波中间的任何资源块，这是真的吗？

不妨做如下思考：我们知道在 LTE 系统中，中间的 6 个 PRB 固定是用来作小区搜索的，正如吴老师经常在 LTE 中说的一句口诀：小区搜索在中间。这其中会放置 PSS、SSS、PBCH 信道。采用 IB 部署方式的情况下，如果真如以上所说的可以利用 LTE 载波中间的任何资源块的话，那么必然出现 NB 与 LTE 中间的 6 个 PRB 资源冲突。

我们来看下表：

Allowed LTE PRB indices for cell connection in NB-IoT In-band operation

LTE system bandwidth	3MHz	5MHz	10MHz	15MHz	20MHz
PRB indices with 2.5kHz offset（or 7.5 kHz offset）	2, 12	2, 7, 17, 22	4,9,14,19,30,35, 40, 45	2,7,12,17, 22, 27,32, 42, 47, 52,57, 62, 67, 72	4,9,14,19,24, 29, 34,39,44, 55, 60, 65,70,75, 80, 85, 90, 95

从以上我们至少可以看出三点"蹊跷"：① LTE 1.4M 频带不支持 IB 方式的 NB；② 无论哪种带宽采用 IB 部署方式，都避开了中间的 6 个 PRB，因为这里是"雷打不动"要用来传 LTE 的同步信号和 MIB 消息的；③ 除了中间的 6 个 PRB 不能部署 NB 外，还有一些 PRB 也不能用来部署 NB，换句话说，协议规定了每种带宽下能用来部署 IB 方式的 PRB 是有限的（其原因是 NB 的中心频点要满足 100kHz 频率栅格），可真不是有些资料上所说的任意资源。

9.3　NB-IoT Channel Raster

The channel raster is 100 kHz for all bands, which means that the carrier

centre frequency must be an integer multiple of 100 kHz.

$$F_{DL} = F_{DL\_low} + 0.1(N_{DL} - N_{DLoffs\text{-}DL})$$

解释：在三种部署方式下，UE 都要满足 100kHz channel raster 要求，并且中心频率必须满足 100kHz 的整数倍（见上面公式）。具体来说就是：

» Stand-alone 模式：NPSS/NSSS 中心频率直接对齐 100kHz channel raster。

» Guard band 模式：

› 传输 NB-IoT 载波的中心频率与 LTE 系统带宽中心的偏移是 f_d kHz。

› 每个 f_d 对应的 NB-IoT 载波都在 Guard band 内，载波中心频率和 100kHz 的 channel raster 的频率偏移最多为 7.5kHz。

› f_d 到 LTE 边缘频率偏移也满足 15kHz 的整数倍。

› NB-IoT 载波尽可能靠近 LTE 的 PRB 边缘，远离系统带宽边缘。

› 频率偏置（rasterOffset）：NB-IoT 在 LTE 的信道基础上进行频率偏置，偏置取值为{ -7.5, -2.5, 2.5, 7.5}，单位为 kHz。

› Guard band Channel Raster 示意图如下：

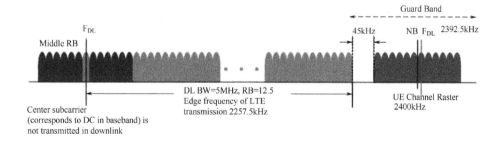

» In-Band 模式下情况更复杂，通过满足一系列条件后，在各种带宽下

NB 能占用的 PRB 只能取上节表中的一些值，且还需要配置相应的 rasterOffset。有兴趣的读者可以去查阅相关资料做进一步了解。

9.4 三种部署方式性能比较

下面从频谱、带宽、兼容性、覆盖、容量、时延、终端能耗、产业情况等方面来对三种部署方式进行比较。

	Stand-alone	Guard-band	In-band
频谱	频谱上 NB-IoT 独占，不存在与现有系统共存问题	需考虑与 LTE 系统共存问题，如干扰规避、射频指标更严苛等问题	需考虑与 LTE 系统共存问题，如干扰消除、射频指标等问题
带宽	限制比较少，单独扩容	未来发展受限，Guard-band 可用频点非常有限	IB 可用在 NB-IoT 的频点有限，且扩容意味着占用更多的 LTE 资源
兼容性	Stand-alone 下配置限制较少	Guard-band 需要考虑与 LTE 兼容	IB 需考虑与 LTE 兼容，如避开 PDCCH 区域、LTE 同步信道和 PBCH、CRS 等（具体见注）
基站发射功率	SA 需要使用独立的功率，下行功率较高，可达 20W	同 In-band	借用 LTE 的功率，无须独立的功率，下行功率较低，约为 2×1.6W（假设 LTE 5MHz 20W 功率）
覆盖	满足覆盖要求，覆盖略大，PBCH 可达到 167.3dB，有 3dB 余量	满足覆盖要求，覆盖略小，同 IB	满足覆盖要求，覆盖最小，PBCH 受限，为 161.1dB
容量	综合下行容量约为 5 万/天，容量最优	综合下行容量约为 2.7 万/天	综合下行容量约为 1.9 万/天
传输时延	满足时延要求，时延略小，传输效率略高	满足时延要求，时延略大	满足时延要求，时延最大
终端能耗	满足能耗目标，差异不大	满足能耗目标，差异不大	满足能耗目标，差异不大
产业情况	国际运营商：Vodafone 在无 LTE 的国家会使用，比例较小	全球运营商仅 KT 考虑测试验证 Guard-band，方案较小众	国际运营商：欧洲 LTE FDD 运营商均采用该方案

三种工作模式之间在资源使用上的主要区别在于：In-band 需要额外留出 LTE CRS、PDCCH symbol 的位置，每毫秒开销约为 28.6%，如下图所示。

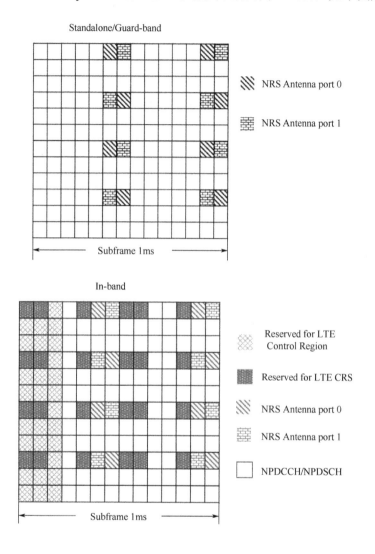

具体信道占用的细节将在后续详细讲解，从上表综合因素来看，对于 CMCC 来说，最初试点可能优先考虑独立频谱 Stand alone 部署方式，其次优先级为 IB，再次为 GB。

9.5 终端如何区分部署方式?

要回答这个问题需要对 NB 有深入的了解，包括 NB 的信道、MIB、SIB 等消息的内容，这里吴老师仅仅给出结论：网络部署方式在 Master Information Block-NB 中指示，以后讲到物理信道和系统消息的时候再给出具体技术细节解释。

第 10 讲　NB-IoT 物理层结构

从本讲开始将深入分析 NB 的物理层结构（俗称帧结构）。

实际上对于通信系统来说，物理层结构是底层的设计之一，它直接耦合咱们在低成本章节已经谈过的双工方式、多址方式，另外还决定了资源分配的基本原则。理解好物理层结构是理解后续技术原理的基础。

先阐述一个基本的概念：物理层结构包含两块，**一是频域结构，一是时域结构**（这才是帧结构出处），大家不要混为一谈。下面吴老师在谈具体细节的时候也将遵循这个思路，先谈频域结构，再谈时域结构。

注意：LTE 的物理层结构也是时、频两域，也就是我们常见的时频结构图。实际工作中所说的物理层帧结构也就基本等同于在说物理层结构。

10.1　下行物理层结构

根据 NB 的系统需求，终端的下行射频接收带宽是 180kHz。由于下行采用 15kHz 的子载波间隔，因此 NB 系统的下行多址方式、帧结构和物理资源单元等设计尽量沿用了原 LTE 的设计。

10.1.1　频域分析

NB 占据 180kHz 带宽（1 个 RB），12 个子载波（subcarrier），子载波间隔（subcarrier spacing）为 15kHz，如下图所示。

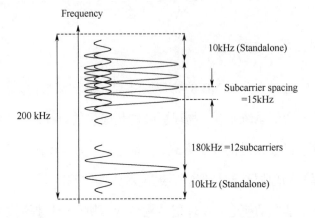

10.1.2　时域分析

NB 下行一个时隙（slot）长度为 0.5ms，每个时隙中有 7 个符号（symbol），如下图所示。

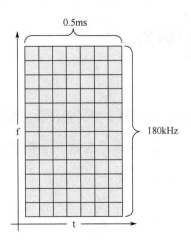

NB 基本调度单位为子帧，每个子帧 1ms（2 个 slot），每个系统帧包含 1024 个无线帧，每个超帧包含 1024 个系统帧（up to 3h）。这里解释一下，不同于 LTE，NB 中引入了超帧的概念，原因就是小功耗章节谈过的 eDRX（详见 NB-IoT 小功耗篇章），为了进一步省电，扩展了寻呼周期，终端通过少接寻呼消息达到省电的目的。

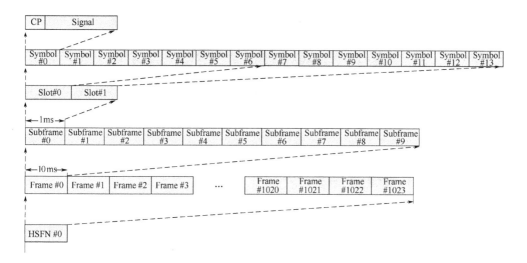

同学们在看上面这个图时会不会很茫然？其实不难，从上往下看就可以：

» 1 个 signal 封装为 1 个 symbol

» 7 个 symbol 封装为 1 个 slot

» 2 个 slot 封装为 1 个子帧

» 10 个子帧组合为 1 个无线帧

» 1024 个无线帧组成 1 个系统帧(LTE 到此为止了)，这里又叫做 SFN

» 1024 个系统帧组成 1 个超帧（ OVER ），这里又叫做 H-SFN

这样计算下来，1024 个超帧的总时间=(1024*1024*10)/(3600*1000)=2.9h.

若还没有理解？可以将以上的帧结构的封装想象为快递的包装，小盒子装进大盒子，大盒子再套更大的盒子，道理是一样的。

10.2 上行物理层结构

10.2.1 频域分析

占据 180kHz 带宽（1 个 RB），可支持 2 种子载波间隔：

» 15kHz：最大可支持 12 个子载波。如果是 15kHz 的话，因为帧结构将与 LTE 保持一致，只是频域调度的颗粒由原来的 PRB 变成了子载波。关于这种子帧结构不做细致讲解。

» 3.75kHz：最大可支持 48 个子载波。如果是 3.75kHz 的话，首先需要知道设计为 3.75kHz 的好处在哪里。总体看来有两个好处，一是根据之前内容讲过，3.75kHz 相比 15kHz 将有更大的功率谱密度 PSD 增益，这将转化为覆盖能力；二是在仅有的 180kHz 的频谱资源里，将调度资源从原来的 12 个子载波扩展到 48 个子载波，能带来更灵

活的调度。两种子载波间隔频域关系如下图所示。

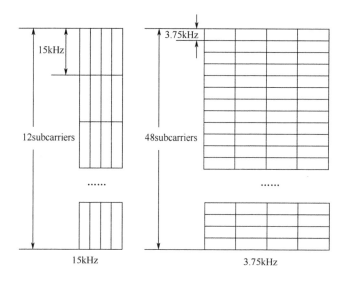

NB 在频域资源调度的时候支持两种资源分配模式:

» Single-Tone （1 个用户使用 1 个载波，低速应用，针对 15kHz 和 3.75kHz 的子载波都适用，特别适合 IoT 终端的低速应用）;

» Multi-Tone （1 个用户使用多个载波，高速应用，仅针对 15kHz 子载波间隔。特别注意，如果终端支持 Multi-Tone，必须给网络上报终端支持的能力。

» 两种模式与两种子载波间隔的关系如下图所示。

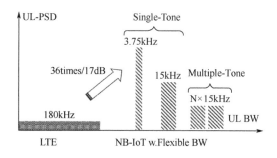

注意：无论是 Single-Tone 还是 Multi-Tone 的发送方式，NB 在上行都是基于 SC-FDMA 的多址技术。

10.2.2 时域分析

基本时域资源单位都为 Slot，对于 15kHz 子载波间隔，1 Slot=0.5ms，与 LTE 保持一致，在此不细谈。但是对于 3.75kHz 子载波间隔，1 Slot=2ms，这就大不一样了，下图给出了对比。

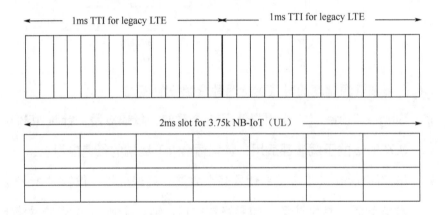

这一点在初学 NB 帧结构的时候务必要引起重视。

注意：这里不妨思考下，是否有什么内在联系？吴老师的理解是频域上子载波间隔 15kHz 是 3.75kHz 的 4 倍，而时域上时隙 0.5ms 正好是 2ms 的 1/4，所以时频资源是等效的。

下图是 3.75kHz 时上行帧结构示意图，请注意都是时域上 4 倍的关系。

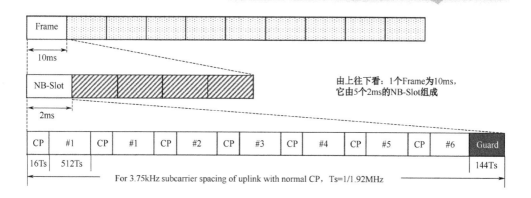

10.3 上行资源单元 RU

我们知道，在 LTE 中下行控制信道的资源分配在频域上遵循 RE、REG、CCE 的调度颗粒，对于业务信道存在 RB、RBG 这样的调度颗粒，现网中实际用到的调度最小单位为 RBG，即 RB group，时域上遵循子帧的调度颗粒，即 TTI=1ms。而上行也是用的 RB、RBG、子帧的概念作为调度粒度的。

对于 NB 来说，下行频域调度粒度变成了子载波，时域上仍遵循子帧的调度颗粒，即 TTI=1ms。

但是对于上行，则因为有两种不同的子载波间隔形式，其调度也存在非常大的不同。NB-IoT 在上行中根据子载波间隔大小、Subcarrier 的数量分别制订了相对应的资源单位 RU 作为资源分配的基本单位。上行的基本调度资源单位变为了 RU（Resource Unit），各种场景下的 RU 持续时长、子载波有所不同。

理解 RU 的时候应该注意到：时域、频域两个域的资源组合后的调度单位为 RU。下表为 RU 构成表：

069

NPUSCH format	子载波间隔	子载波个数	每 RU Slot 数	每 Slot 持续时长（ms）	每 RU 持续时长（ms）	场景
Format 1（普通数传）	3.75 kHz	1	16	2	32	Single-Tone
	15 kHz	1	16	0.5	8	
		3	8		4	Multi-Tone
		6	4		2	
		12	2		1	
Format 2（UCI）	3.75kHz	1	4	2	8	Single-Tone
	15kHz	1	4	0.5	2	

上表中 NPUSCH Format 2 是 NB-IoT UE 用来传送指示 NPDSCH 有无成功接收的 HARQ-ACK/NACK，所使用的 Subcarrier 的索引（Index）是在由调度对应的 NPDSCH 的下行配置（Downlink Assignment）中指示，重复传送次数则是由无线资源控制模块（Radio Resource Control, RRC）参数配置。

NPUSCH Format 1 的资源单位是用来传送上行数据的。对于 Format1，3.75kHz Subcarrier Spacing 只支持单频传输，资源单位的带宽为一个 Subcarrier，时间长度是 16 个 Slot，也就是 32ms 长。而 15kHz Subcarrier Spacing 支持单频传输（Single-Tone）和多频传输（Multi-Tone），带宽为 1 个 Subcarrier 的资源单位有 16 个 Slot 的时间长度，即 8ms；带宽为 12 个 Subcarrier 的资源单位则有 2 个 Slot 的时间长度，即 1ms，此资源单位即是 LTE 系统中的一个 Subframe。这其中有些 RU 的时频资源其实是等效的。以下为 RU 的资源占用对比示意图：

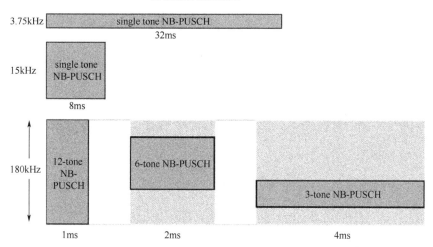

注意：这里再次强调，对于下行，"涛声依旧"，时域上仍然采用 Subframe 作为调度单位。

第11讲 NB-IoT下行主同步信号 NPSS

本讲开始吴老师将深入分析 NB 的物理层信道（或信号），主要谈下行主同步信号 NPSS。

对于无线优化人员来说，物理层信道（或信号）是优化的基本功之一，是"必杀技"。这些信道就如一条一条的路，多条路交错、互通就汇成了一个路网，从而四通八达。同理，这些信道相互配合工作，就可以成就网优中著名的"四剑客"：小区搜索（Cell Search）、下行传输 DL Transmission、随机接入 Initial Access、上行传输 UL Transmission。这些是第三篇的重点内容，但是在介绍它们之前，得先好好理解物理信道。

11.1 练好基本功——Zadoff‑Chu Sequence

Zadoff‑Chu Sequence，简称 ZC 序列，别名"臭豆腐"序列。

注意：请尝试用中国式英文发音去快速地读"Zadoff"，看有没有"臭豆腐"的味道。

ZC 序列是理解 LTE、NB 同步信号最核心的部分，换句话说，如果你不懂 ZC 序列，看同步信号就只能是"雾里看花了"。正如其名称一样，它不是单个的数字，而是一个特殊的序列，它在 LTE 中被大量使用（在 2G、3G 中没用）。

先来理解 ZC 序列是怎么生成的，就如你学习 WCDMA 必须知道 OVSF 码生成一样，如下图所示。

q	25	序列长度		相关性计算结果 -5.51115E-13 / 1.8896E-12
N_zc	63			
Shift	Do Shift	$x_q(m)=e^{-j\frac{\pi qm(m+1)}{N_{ZC}^{RS}}}, \ 0\le m\le N_{ZC}^{RS}-1$		

根序列　　　　循环移位数　　　　生成公式

m	Zadoff (I)	Zadoff (Q)	Zadoff (I)-s1	Zadoff (I)-s1	Corr - (I)	Corr - (Q)
0	1		0	1	1.11738E-13	1
1	-0.79713	-0.60380441		1	0	-0.797132507
2	0.365341	-0.930873749	-0.797133	-0.60380441	-0.853290882	0.962624247
3	-0.73305	-0.680172738	0.365341	-0.930873749	-0.900968868	-0.930873749
4	0.980172	0.198146143	-0.733052	-0.680172738	-0.583743672	0.521435203
5	0.955573	0.294755174	0.980172	0.198146143	0.878221573	0.099567847
6	-0.5	-0.866025404	0.955573	0.294755174	-0.222520934	-0.680172738
7	0.766044	-0.64278761	-0.5	-0.866025404	-0.939692621	0.984807753
8	-0.22252	-0.974927912	0.766044	-0.64278761	-0.797132507	-0.889871809
9	0.62349	0.781831482	-0.222521	-0.974927912	0.623489802	0.433883739
10	0.456211	0.889871809	0.62349	0.781831482	-0.411287103	0.198146143
11	0.365341	-0.930873749	0.456211	0.889871809	0.995030775	-0.749781203
12	0.955573	0.294755174	0.365341	-0.930873749	0.623489802	0.997203797
13	0.766044	-0.64278761	0.955573	0.294755174	0.921476212	-0.840025923
14	-0.5	0.866025404	0.766044	-0.64278761	0.173648178	0.342020143
15	-0.73305	0.680172738	-0.5	0.866025404	-0.222520934	0.294755174
16	0.980172	0.198146143	-0.733052	0.680172738	-0.853290882	-0.811938006
17	-0.22252	0.974927912	0.980172	0.198146143	-0.411287103	0.999689182
18	0.62349	0.781831482	-0.222521	0.974927912	-0.900968868	-0.781831482
19	-0.79713	-0.60380441	0.62349	0.781831482	-0.024930692	0.246757398
20	-0.5	-0.866025404	-0.797133	-0.60380441	-0.124343705	0.388434796
21	-0.5	0.866025404	-0.5	-0.866025404	1	-0.866025404
22	-0.79713	-0.60380441	-0.5	0.866025404	0.921476212	0.992239207
23	-0.98883	0.149042256	-0.797133	-0.60380441	0.878221573	-0.715866849
62	1	1.11738E-13	-0.797133	-0.60380441	-0.797132507	0.60380441

生成的 I、Q 支路序列值　　　　　　　　　-5.51115E-13　1.8896E-12

复数形式表示

这里简要讲解其生成公式：

$$x_q(m)=e^{-j\frac{\pi qm(m+1)}{N_{ZC}^{RS}}}, \quad 0\le m\le N_{ZC}^{RS}-1$$

» N_{ZC}^{RS} 代表需要生成的序列的长度，如在本图中值为 63，所以在第二列、第三列就有了 63 个值，注意因为是复数，所以有 I、Q 两个支路（**重点关注**）。

» q 代表是根序列的索引，生成任何一个 ZC 序列都需要赋一个根索引值（重点关注），这跟我们在 LTE 中 PRACH 序列生成必须赋 u 值一样的道理。

» m 是代表这个序列的第 m+1 个序列点的值。

ZC 序列能在 4G 及以后的系统中大量使用，是因为这个序列具有很多好的特性，下面讲解几个最重要的：

» ZC 序列具有恒定幅度特性（This sequence has a constant amplitude.）。这点大家只要看生成的公式，形式为 $e^{\wedge}(-j\,theta)$，用欧拉公式 Euler form 展开得到 $e^{\wedge}(-j\,theta) = \cos(theta) - j\sin(theta)$，你将会看到这是个复数，有实部和虚部，如果在坐标轴上表示，就是分布在一个圆上，幅度就是圆的半径，是恒定不变的（这里即为 1）。

» ZC 序列具有很好的自相关性（Zero Autocorrelation.）。如果你用这个公式生成了一个序列，同时进行循环移位 N 位（N 的取值范围是 1,2,…,size of sequence −1），然后将原序列和循环移位 N 后的序列进行相关性运算，你会惊奇地发现结果是 0（It is almost 0）。

  › 这意味着什么？正交！

  › 正交意味着什么？完全区分！

  › 完全区分意味着什么？无干扰！无干扰！！无干扰！！！

  › 通信系统的专家们一直以来孜孜以求的就是相关性为 0! 就是正交无干扰！

  › 这样的话，以后在每个小区中，每个用户可以拿这个码的不同循环移位来做区分，这将是一件非常美妙的事情。

» ZC 序列的互相关性也很好［Cross correlation of two Zadoff Chu

sequence is 1/Sqrt(Nzc)〕。这里不展开讲了。

正因为 ZC 序列具有很多好的特点，在 LTE 中被大量使用，以下列举 LTE 中使用了 ZC 序列的信号或者信道，此处不细讲。

（1）Primary Synchronization Signal (PSS) (so called primary synchronization channel).

（2）random access preamble (PRACH).

（3）PUCCH DMRS.

（4）PUSCH DMRS.

（5）sounding reference signals(SRS)..

同学们有没有"惊呆"？现在知道为什么吴老师会说 ZC 序列在 LTE 中被大量使用的原因了吧。

11.2　NPSS 信号作用和资源映射

» 　NB 中的信道都是单独设计的

既然是新设计的，其名称要改变，又图"省事"，就在每个信道前加了一个 N。

» 　NPSS 基于短 ZC 序列（终于知道吴老师为什么要花大篇幅讲 ZC 序列了）

» 　NPSS 的作用是用于终端完成时间和频率同步

请注意，与 LTE 不同，PSS 序列一共有 3 个，通过 PSS 携带了小区组内 ID 信息，在计算 PCI 中需要用到。但是 NB 中 NPSS 只有一条，不携带有 PCI 的信息，这是因为考虑到 NB 终端低成本，终端同步检测的复杂度尽量低。

» 固定在每个帧的第 5 号子帧上发送，周期为 10ms，占用整个子帧

我们知道在 LTE 中 PSS 频域上是占用中间 6 个 PRB 宽度，时域上占用 1 个符号 symbol 的宽度，那么这里为什么是占用一个子帧的宽度呢？我的理解是相比于 LTE 频域上宽度较宽，终端解调同步信号的时候能充分获得频域增益，而 NB 中仅有 180kHz 带宽，频域分集增益的缺失需要时域分集增益来弥补，所以原 LTE PSS 占用 1 个符号宽度就被扩展到整个子帧了。

» 占据频域的 0 ~ 10 号共 11 个子载波，11 号子载波不用，如下图所示

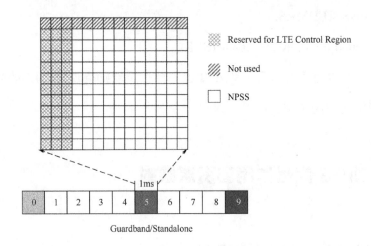

» 时域上固定预留前 3 个符号

同步时还没获取到场景信息，也就是终端还不能了解到系统采用的是三种部署方式的哪种，即无法区分是 SA、IB 还是 GB，所以只能按最保守、最复杂的情况来做，即 IB。而 IB 中因为前 3 个符号需要为 LTE PDCCH 预留资源，所以 NB 干脆就不管你采用什么部署方式，统统将前 3 个符号预留出来。

» Inband 场景下遇到 LTE CRS 的 RE 时按实际占用 RE 数量进行打孔处理，如下图所示。

因为 PSS 中本来就没传数据，只是信号，所以打几个孔也没关系。比如，

LED 显示屏是由很多的发光点构成的，偶尔坏掉一两个，也很难看出来，尤其是户外的那种大显示屏。你不妨想象一下，如果是信道，传输的是真金白银的数据，那就没这么随便了。

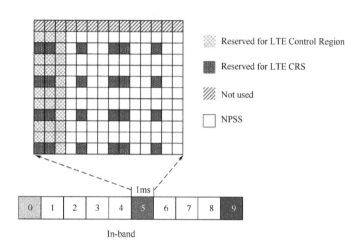

11.3 NPSS 信号的生成

如下图所示，将 LTE 和 NB 的主同步信号生成公式放在一起进行对比：

① NB-IoT中NPSS生成公式

< 36.211-10.2.7.1 >

$$d_l(n) = S(l) \cdot e^{-j\frac{\pi u n(n+1)}{11}}, \quad n = 0,1,\cdots,10$$

< 36.211-Table 10.2.7.1.1-1 >

Cyclic prefix length	$S(3),\cdots,S(13)$										
Normal	1	1	1	1	1	-1	-1	1	1	1	1	-1	1

② LTE PSS中生成公式

< 36.211-6.11.1 >

$$d_u(n) = \begin{cases} e^{-j\frac{\pi u n(n+1)}{63}} & n = 0,1,\cdots,30 \\ e^{-j\frac{\pi u (n+1)(n+2)}{63}} & n = 31,32\cdots,61 \end{cases}$$

» NB 基础序列为长度 11 的短 ZC 序列，LTE 中为长度 63 的长序列。

» NB 公式中 u 的取值固定为 5，也就是 NPSS 所有小区都是相同的，因而没有带小区 ID 信息；而 PSS 中 u 有 3 个，25,29,34，这就是为什么 PSS 中可以携带部分 PCI 信息的根本原因（组内 ID 号）。

» NB 中 NPSS 资源映射示意图如下图所示（非 IB 部署方式）。

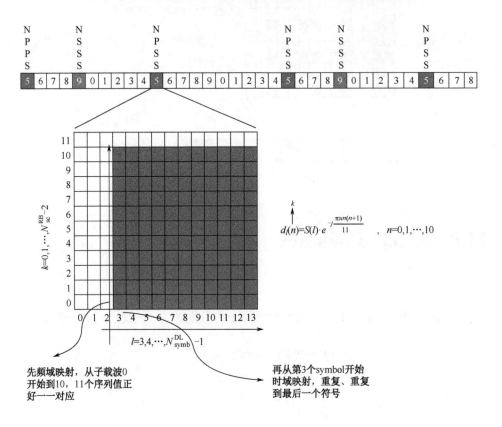

$$d_l(n)=S(l)\cdot e^{-j\frac{\pi un(n+1)}{11}} \quad , \quad n=0,1,\cdots,10$$

先频域映射，从子载波0开始到10，11个序列值正好一一对应

再从第3个symbol开始时域映射，重复、重复到最后一个符号

» NPSS 的掩码序列为伪随机的二进制序列 $S(l)$

$S(3),\cdots,S(13)$										
1	1	1	1	-1	-1	1	1	1	-1	1

请注意，l 是从 3 开始到 13，说明 ZC 序列生成后，从第 4 个 symbol 开始，乘以掩码值后再进行频域上映射，最后进行时域映射。

本讲主要阐述 NB 的下行主同步信号 NPSS，重点是 ZC 序列和 NPSS，细节非常多，理解起来非常困难，一旦获得一些技能，后续的信道学习也会轻松很多。

第 12 讲　NB-IoT 下行辅同步信号 NSSS

本讲主要讲解 NB 的下行辅同步信号 NSSS，与 NPSS 联合起来将可以完成小区搜索过程。

上讲在讲述 NPSS 时已经强调过 ZC 序列是理解同步序列的基础，在 NSSS 中 ZC 序列仍是当之无愧的主角，并且要远比 NPSS 复杂。请各位同学自觉复习上讲 "NB-IoT 下行主同步信号 NPSS" 的讲解部分。

12.1　NSSS 信号作用和资源映射

» NB 中的 NSSS 类似于 LTE 中的 SSS 信号。

» 不同于 NPSS 是基于 11 位的短 ZC 序列，NSSS 是基于 131 位的长 ZC 序列。

"长""短"怎么界定？NPSS 最初设计时有多种方案，一种是基于长 ZC 序列然后截断 11 位，另外一种是直接生成 11 位的短序列，NPSS 采用的是第二种短序列方案，所以后来也就将 11 位的叫做短序列了，NSSS 采用的 131 位序列自然就称为长序列了。

在实际使用中，NSSS 是 132 位的，这是如何得到的呢？简单理解就是先生成 131 的基础序列，再复制后接上原序列，这样首尾相接后的序列长度就扩展到>131 了，接下来需要多少位就截取多少位。这种方法又称为循环扩展。LTE 中大面积采用了这种循环扩展，下图给出 LTE 中上行参考信号生成示意图，可以帮助大家理解循环扩展。

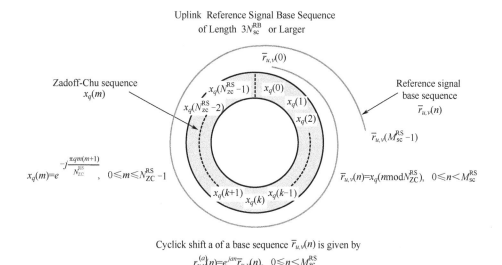

Uplink Reference Signal Base Sequence of Length $3N_{sc}^{RB}$ or Larger

$$x_q(m)=e^{-j\frac{\pi qm(m+1)}{N_{ZC}^{RS}}}, \quad 0\leqslant m\leqslant N_{ZC}^{RS}-1$$

$$\overline{r}_{u,v}(n)=x_q(n \bmod N_{ZC}^{RS}), \quad 0\leqslant n<M_{sc}^{RS}$$

Cyclick shift a of a base sequence $\overline{r}_{u,v}(n)$ is given by

$$r_{u,v}^{(a)}(n)=e^{jan}\overline{r}_{u,v}(n), \quad 0\leqslant n<M_{sc}^{RS}$$

1）The length N_{ZC}^{RS} of the Zadoff-Chu sequence is given by the ***largestprime number*** such that $N_{ZC}^{RS}<M_{ZC}^{RS}$

2）$M_{ZC}^{RS}=mN_{ZC}^{RS}$ is the length of the reference signal sequence and $1\leqslant m\leqslant N_{RM}^{max,UL}$

3）see 36.211 subclause 5.5

（摘自温金辉《深入理解 LTE-A》）

» NSSS 的作用是用于终端获取 504 个小区 ID 信息（PCI）及 80ms 的帧定时信息（即在 80ms 中的那一个无线帧）。

前面讲过 NB 中 NPSS 只有一条，不携带 PCI 的信息，这是因为考虑到 NB 终端低成本，终端同步检测的复杂度尽量低。那么必定可以推出 NSSS 必须承担携带全部 PCI 信息的使命。

我们不妨来看看 LTE 中是怎样利用 PSS 和 SSS 来携带 PCI 信息的，这对后续的学习将会带来很大的帮助。

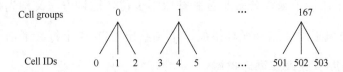

LTE 中通过检测 PSS 和 SSS 来获得小区 ID，具体方法为：

› SSS：与小区 ID 组（cell groups）$N_{ID}^{(1)}$ 一一对应，范围 0～167

› PSS：与组内 ID 号（cell IDs）$N_{ID}^{(2)}$ 一一对应，范围 0～2

› 小区 ID（PCI）$N_{ID}^{CELL} = 3 * N_{ID}^{(1)} + N_{ID}^{(2)}$

在下一小节我们马上可以看到，虽然 NB 中 NPSS 不携带 PCI 信息，但是 NSSS 仍然通过扰码序列和 ZC 序列的置位将 PCI 信息全部搞定。

» 固定在每个偶数帧的第 9 号子帧上发送，周期为 20ms。

同样，NSSS 占用一个子帧的宽度，频域分集增益的缺失需要时域分集增益来弥补，所以原 LTE SSS 占用 1 个符号宽度就被扩展到整个子帧了

» 与 NPSS 不同，NSSS 占据频域的 0～11 号 12 个子载波（占满了）。

» 时域上固定预留前 3 个符号。

同样，同步时还没获取到场景信息，也就是终端还不能了解到系统采用的是三种部署方式的哪种，即无法区分是 SA、IB 还是 GB，所以只能按最保守、最复杂的情况来做，即 IB。而 IB 中因为前 3 个符号需要为 LTE PDCCH 预留资源，所以 NB 干脆就不管你采用什么部署方式，统统将前 3 个符号预留出来，如下图所示。

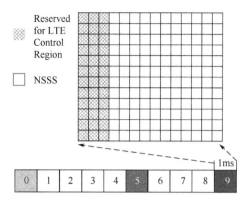

Guardband/Standalone

> » Inband 场景下遇到 LTE CRS 的 RE 时按实际占用 RE 数量进行打
> 孔处理。

NSSS 中本来就没传数据，只是信号，所以打几个孔也没关系。具体解释
与 NPSS 相同，如下图所示。

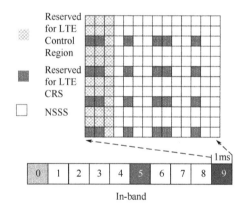

In-band

12.2　NSSS 信号的生成

要想理解 NSSS 信号的生成是很难的，下面尽量通过两个图来讲清楚。

第一个图：NSSS 信号生成详解，请对照备注看公式：

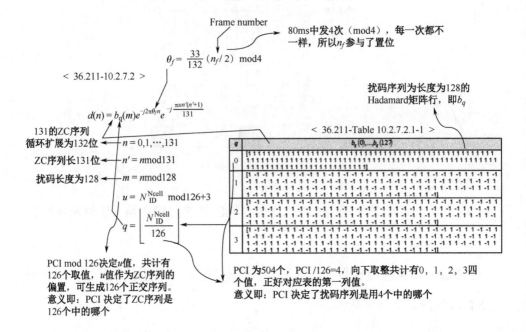

第二个图：再看 NSSS 生成示意图，重点注意虚线框中标记部分，这里将上图中的一些核心思想进行了描述。

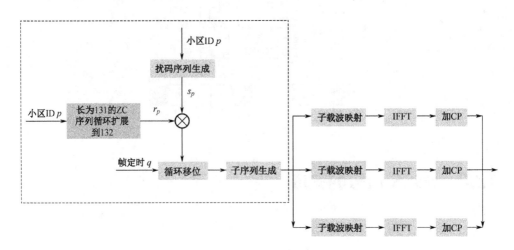

其主要思想就是 PCI 参与了 ZC 序列的置位，同时也参与了扰码序列的生成，最终得到了 NSSS 序列。但是因为 80ms 内帧定时关系，系统又设计了帧定时循环移位。

这里吴老师想再提两个问题：

（1）为什么 NSSS 序列是 132 位？

请仔细看上图，NSSS 占用的资源块正好是 11*12=132 个 RE，所以生成的 132 位的 NSSS 正好与 132 个 RE 一一对应（不算 IB 情况下被打孔的情况）。

（2）怎么将 PCI 是 504 个与 NSSS 对应起来？

如果将 u 和 q 一起联合起来看，可以认为 u 分 group（126），q 分小区 ID（4），126*4=504。是不是和 LTE PCI 有异曲同工之妙呢？恍然大悟了没？

最后将 NPSS 和 NSSS "串烧" 一下，如下图所示。

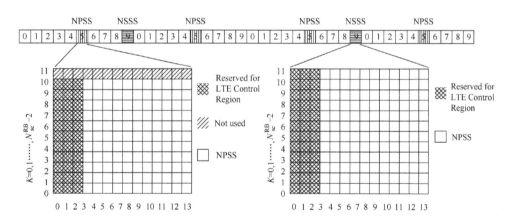

12.3 NB 同步信号与 LTE 比较

NB 同步信号与 LTE 比较详见下表。

	NB-IoT NPSS&NSSS	Legacy LTE（R8）PSS&SSS
PSS/SSS 频域	PSS　11 个子载波 SSS　12 个子载波	中心频率的 72 个子载波 实际使用上下各 31 个子载波
PSS 时域	5 子帧，占用 11 个 symbols	每帧中 0，5 子帧，占 1 个 symbol
SSS 时域	9 子帧，占用 11 个 symbols	每帧中 0，5 子帧，占 1 个 symbol
周期	PSS 10ms，SSS 20ms（偶数帧）	PSS 5ms, SSS 10ms
PSS Sequence	长度 11 的 ZC 序列	长度为 63 的 ZC 序列，确定
SSS Sequence	长度为 131 的 ZC 序列和 Hadamard 序列组成	2 个 31 长度 m 序列和 PN 序列组成确定
PCI 获取	0~503，由 NSSS 指示 由 ZC root index and a binary scrambling sequence 得到	PCI=PSS+3*SSS
其他	NSSS 通过 4 个时域循环偏移值得到 80ms 边界	

第 13 讲　NB-IoT 下行参考信号 NRS

13.1　LTE 中下行参考信号 RS

LTE 上下行都设计了参考信号，吴老师这里只讲述下行公共参考信号 CRS。

先来了解一下 LTE 下行 CRS 的作用：

» 　下行质量测量（channel quality measurements）；

» 　UE 侧相关解调（channel estimation for coherent demodulation at the UE）；

» 　同步保持（Maintaining Synchronization）。

注意：LTE 中若没有 RS 信号，那是寸步难行的。比如路测中常看到的 RSRP（Reference Signal Receiving Power）、RSRQ、SINR 都是通过测量 CRS 信号得到的，RSRP 是优化工作的抓手，所以我们将 CRS 信号戏称为"祖师爷"！

CRS 的生成公式、资源映射示意见以下 3 个图：

» 　生成公式：

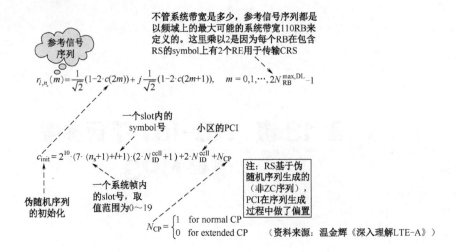

参考信号序列

不管系统带宽是多少，参考信号序列都是以频域上的最大可能的系统带宽110RB来定义的。这里乘以2是因为每个RB在包含RS的symbol上有2个RE用于传输CRS

$$r_{l,n_s}(m) = \frac{1}{\sqrt{2}}(1-2\cdot c(2m)) + j\frac{1}{\sqrt{2}}(1-2\cdot c(2m+1)), \quad m = 0,1,\cdots,2N_{RB}^{max,DL}-1$$

一个slot内的symbol号

小区的PCI

$$c_{init} = 2^{10}\cdot(7\cdot(n_s+1)+l+1)\cdot(2\cdot N_{ID}^{cell}+1)+2\cdot N_{ID}^{cell}+N_{CP}$$

伪随机序列的初始化

一个系统帧内的slot号，取值范围为0～19

注：RS基于伪随机序列生成的（非ZC序列），PCI在序列生成过程中做了偏置

$$N_{CP} = \begin{cases} 1 & \text{for normal CP} \\ 0 & \text{for extended CP} \end{cases}$$

（资料来源：温金辉《深入理解LTE-A》）

» **资源映射计算方法：**

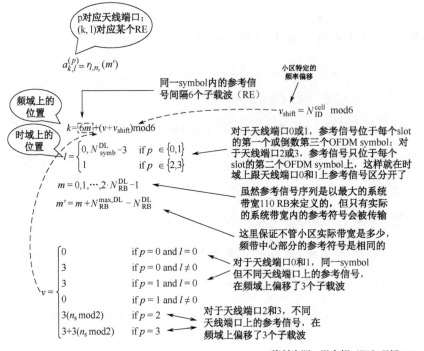

p对应天线端口；(k, l)对应某个RE

$$a_{k,l}^{(p)} = r_{l,n_s}(m')$$

小区特定的频率偏移

同一symbol内的参考信号间隔6个子载波（RE）

$$v_{shift} = N_{ID}^{cell} \bmod 6$$

频域上的位置

时域上的位置

$$k = 6m+(v+v_{shift})\bmod 6$$

$$l = \begin{cases} 0, N_{symb}^{DL}-3 & \text{if } p \in \{0,1\} \\ 1 & \text{if } p \in \{2,3\} \end{cases}$$

对于天线端口0或1，参考信号位于每个slot的第一个或倒数第三个OFDM symbol；对于天线端口2或3，参考信号只位于每个slot的第二个OFDM symbol上，这样就在时域上跟天线端口0和1上参考信号区分开了

$$m = 0,1,\cdots,2\cdot N_{RB}^{DL}-1$$

$$m' = m + N_{RB}^{max,DL} - N_{RB}^{DL}$$

虽然参考信号序列是以最大的系统带宽110 RB来定义的，但只有实际的系统带宽内的参考符号会被传输

这里保证不管小区实际带宽是多少，频带中心部分的参考符号是相同的

$$v = \begin{cases} 0 & \text{if } p = 0 \text{ and } l = 0 \\ 3 & \text{if } p = 0 \text{ and } l \neq 0 \\ 3 & \text{if } p = 1 \text{ and } l = 0 \\ 0 & \text{if } p = 1 \text{ and } l \neq 0 \\ 3(n_s \bmod 2) & \text{if } p = 2 \\ 3+3(n_s \bmod 2) & \text{if } p = 3 \end{cases}$$

对于天线端口0和1，同一symbol但不同天线端口上的参考信号，在频域上偏移了3个子载波

对于天线端口2和3，不同天线端口上的参考信号，在频域上偏移了3个子载波

（资料来源：温金辉《深入理解LTE-A》）

» 下图为双天线端口时 RS 信号资源映射：

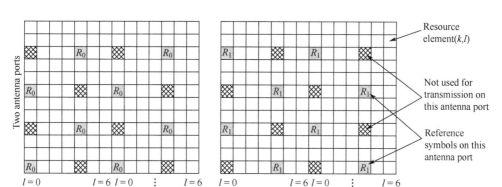

注意：RS 信号在频域映射的位置由 PCI mod 6 决定。而如果是双天线端口的话，根据协议规定，在天线端口 0 处，天线端口 1 发送 R_1 的位置必须置位为 unused，也即为空（也有的称为 DTX，注意不是 DRX，完全不一样的概念）。又由于 LTE 参考信号的摆放呈 grid-like 的方式，它们是组成一组进行映射的，其中一个移动位置，另外一个也随之移动位置，这样一来，就逼得 RS 在双天线端口资源映射时，频域位置只能有 3 个位置可摆放，即原来频域位置由 mod 6 决定变成了由 mod 3 决定。请特别注意，这就是传说中 mod 3 干扰的来源！

13.2　NRS 信号的生成及作用

NRS 的生成公式与 LTE 是一样的，只将 PCI 换成 NPCI 即可。另外，NB 中 NRS 信号的作用与 LTE 也基本相同，不明白之处可以查阅 LTE CRS 介绍部分。

13.3　NRS 资源映射

» Stand-alone/Guard Band 模式（见下图）

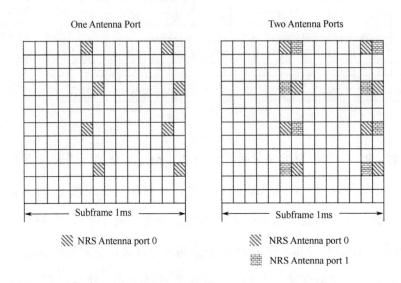

» In-Band 模式（Two Antenna Ports）（见下图）

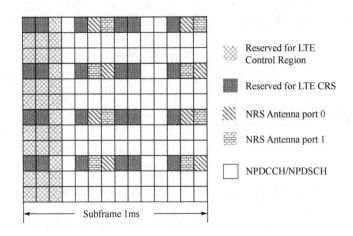

几点说明：

（1）不同的模式下，资源映射其实是一样的，只是在 **IB** 模式下，多了 LTE

的 CRS 信号。大家必须要明白，我们虽然学了 NPSS、NSSS、NRS 信号，但实际上到目前为止，终端还未清楚系统到底采用哪种部署方式的，所以到现在为止，IB、GB、ST 这三种部署方式的资源映射方式仍然只能笼统地保持一致，至少终端必须这么理解。建议大家再回头去看 NPSS、NSSS 的资源映射关系，道理是一样的，IB 情况下如果碰到 CRS，只是在映射的时候打孔就行了。用吴老师的话来说就是：**"我惹不起还躲不起啊，我躲不起大不了不理你嘛"**。

（2）NRS 支持 1 或者 2 天线端口，映射到 Slot 的最后 2 个 OFDM 符号（第 6 和 7 个符号上）。实际上在标准讨论之初，有放在第 4 和第 7 个符号的方案，以使得参考信号在时间上分布得更加均衡，但链路级仿真结果表明，没有太大的区别，最后就定在第 6 和第 7 个符号上了。

（3）NRS 仅在 NPBCH/NPDCCH/NPDSCH 信道上发送，NPSS 和 NSSS 上不发送。说明两点，一是建议大家回顾上两讲的内容，在 NPSS 和 NSSS 资源映射时，确实没有看到 NRS 的影子，只看到了 CRS 这个"讨厌鬼"，并导致资源映射时打孔；二是因为终端目前仍然无法知道三种部署方式，协议上预定义了哪些子帧用来发送 NRS，终端设备只能设想在子帧#0、子帧#4 和没有 NSSS 传输的子帧#9 上存在 NRS 传输。也就是说 NRS 并不是在所有子帧上都发，这点是跟 LTE 差异较大。

（4）与 LTE 一样，可以做 RS 功率 power boosting。

（5）那么 NB 是否仍存在 mod 3 干扰？答案是肯定的。在双天线端口情况下，NRS 频域位置仍逃不开 mod 3 干扰！

（6）NRS 资源映射的位置在时间上与 LTE 系统的小区参考信号（Cell-Specific Reference Signal，CRS）错开，在频率上则与之相同，因此在 In-Band Operation 情况下，当 NB-IoT 与 LTE 使用相同 PCI 时，则 UE

可以利用 LTE 的 CRS 信号辅助测量与解调（注意要联合解调，其实条件是很严苛的）。

13.4　遇到的挑战

同样，NRS 的主要作用是用来做下行测量，测量结果主要应用到以下 3 个方面：

» 小区选择与小区重选，类似于传统 LTE。

» 上行功率控制，终端根据测量的 RSRP 来计算路损，然后反求终端的发射功率（这就是开环功控的基本思想）。

» NB 终端判断所处覆盖等级，基站侧通过在 SIB2 消息中下发最多两个 RSRP 参考门限，终端根据测量结果与门限判断终端所处覆盖等级，进而确定 NPRACH 的发送格式、重复次数等。

所以说，NRS 测量结果在很大程度上决定了终端后续的行为，那么测量的精度将直接影响系统性能。问题来了：LTE 中带宽大，用来做测量的 RS 也就多，RSRP/RSRQ 都是有精度保障的，但是对于 NB 来说，其带宽缩减为 1 个 RB，相对于传统的 LTE 来说测量精度将受到较大的影响。如何解决？

3GPP 目前主要讨论了两种方案，一是利用 NSSS，由于可测量 RE 数量较多，可提升测量精度，但是测量复杂度会提升不少；二是利用 NRS，并进行有效子帧间相关合并，但终端复杂度也会增加。

13.5　NRS 与 CRS 比较

NRS 与 CRS 比较详见下表。

	NB-IoT NRS		Legacy LTE CRS
RS 天线端口数	1, 2		1,2,4
Port 号	0,1 或者 1000,1001 备注：In-band 相同 PCI，NB-IoT 使用天线端口 0 和 1（和 LTE CRS 一致）。此外情况，NB-IoT 使用天线端口 1000 和 1001		0,1,2,3
OFDM 符号	5, 6		0,1,4
出现区域	#0, #4, #9（非 NSSS）及其他需要解调信道 PBCH/SIB1-NB PDSCH/NPDSCH/NPDCCH 的子帧		无限制

第 14 讲　NB-IoT 下行广播信道 NPBCH 信道

14.1　信号与信道的区别

前面谈到的 NPSS、NSSS、NRS 都是信号，而 NPBCH 被称为信道。那么信道和信号有什么区别呢？

吴老师的理解就是，信号不承载具体的信息 bit，而信道是要传输 data。举个生活中的例子，信号就如红绿信号灯，让人一看就知道是走还是停，而信道就如外墙上电子广告显示屏，里面的内容是需要你去读取的。

当然还可以从其他维度进行区分，比如信号是没有上层处理的，一般都是直接在物理层处理，而信道往往有传输信道、逻辑信道等。

14.2　系统消息简介

系统信息广播（System Information Broadcast）是移动通信系统中的一个非常经典的重要功能，它是将终端和系统联系起来的一个重要纽带。系统信息

广播主要提供了接入网系统（无线侧）的主要信息，也包括少量的 NAS 和核心网侧的信息，其目的是便于 UE 建立无线连接并使用网络提供的各项功能。对于无线系统而言，系统消息广播功能是必须实现的功能，在 2/3/4G 中都是如此。尤其是终端处在空闲模式下！

这里先来简要了解 LTE 中关于系统消息调度的一个基本原则：将系统消息划分为 MIB + several SIBs 两个大块，其中 MIB 称为主信息块（Master Information Block），中间传输的都是最基本、最重要的信息，是终端后续解读 SIBs 的基础。LTE 中 MIB 和 SIBs 的关系说明如下：

> » LTE 中 MIB 包含了有限的几个比较重要的系统参数，且是在 BCH 上发送。

> » 终端必须先读取 MIB 消息，后续才可以读取 SIBs 消息，就如你必须先进小区门，才能进家门一样。

> » LTE 中 SIBs 包含了其他的必要信息，在 DL-SCH 上发送。尤其注意这里又设计了一个嵌套，就是 SIB1 消息是解读优先级最高的，因为它相当于一个"总管"，负责调度其他 SIBs 的调度，这种调度又称为 SI。

> » 两者的关系具体见下图。

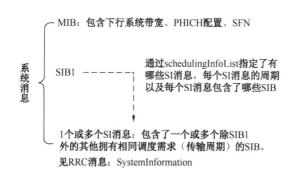

MIB：包含下行系统带宽、PHICH配置、SFN

系统消息 { SIB1 - - - - - 通过schedulingInfoList指定了有哪些SI消息，每个SI消息的周期以及每个SI消息包含了哪些SIB

1个或多个SI消息：包含了一个或多个除SIB1 外的其他拥有相同调度需求（传输周期）的SIB。

见RRC消息：SystemInformation

注意：NB-IoT 中系统消息的调度关系与 LTE 是类似的。

14.3 NPBCH 中内容解码

NPBCH 是用来承载 MIB-NB（Narrowband Master Information Block）的，TTI 为 640ms，共计 34bits，而其余系统信息如 SIB1-NB 等承载于 NPDSCH 中。

MasterInformationBlock-NB（36.331）

```
-- ASN1START

MasterInformationBlock-NB ::=   SEQUENCE {
    systemFrameNumber-MSB-r13        BIT STRING (SIZE (4)),
//系统帧号SFN的高4位，占用4bits，余下6位通过MIB-NB的编码和辅同步信号NSSS携带
    hyperSFN-LSB-r13                 BIT STRING (SIZE (2)),
//超帧号H-SFN的低2位，占用2bits，余下8位通过SIB1-NB消息传输
    schedulingInfoSIB1-r13             INTEGER (0..15),
//SIB1调度信息，用于指示SIB1-NB的TBS和重复次数，占用4bits（SIB1-NB中还会讲到）
    systemInfoValueTag-r13            INTEGER (0..31),
//系统信息值标签，UE通过该系统消息值标签检测系统消息是否发生了更新（LTE是在SIB1
中指示的），UE仅仅通过接收MIB消息就能获得是否需要更新，可以有效节约UE耗电，占用
5bits
    ab-Enabled-r13                   BOOLEAN,
//接入控制使能，如果使能，则UE必须获取SIB14-NB中的接入阻止信息，来决定是否发起RRC
连接
    operationModeInfo-r13              CHOICE {
//部署方式，占用7bits
        inband-SamePCI-r13                Inband-SamePCI-NB-r13,
//指示为IB模式，且同PCI，此时NB终端可以利用LTE CRS来做解调
        inband-DifferentPCI-r13           Inband-DifferentPCI-NB-r13,
//指示为IB模式，但不同PCI，还需要指示信道raster偏置信息
```

```
        guardband-r13                    Guardband-NB-r13,
//指示为GB模式下，还需要指示信道raster偏置信息
        standalone-r13                   Standalone-NB-r13
//指示为ST模式下，还需要指示信道raster偏置信息
    },
    spare                        BIT STRING (SIZE (11)) //保留11bits
}.
ChannelRasterOffset-NB-r13  ::=  ENUMERATED  {kHz-7dot5,  kHz-2dot5,
kHz2dot5, kHz7dot5}


Guardband-NB-r13 ::=         SEQUENCE {
    rasterOffset-r13            ChannelRasterOffset-NB-r13,
//GB模式下，信道rasterOffset表示NB的中心频点相对于LTE信道中心频点的频率偏置
    spare                       BIT STRING (SIZE (3))
}


Inband-SamePCI-NB-r13 ::=    SEQUENCE {
    eutra-CRS-SequenceInfo-r13    INTEGER (0..31)
}


Inband-DifferentPCI-NB-r13 ::= SEQUENCE {
    eutra-NumCRS-Ports-r13        ENUMERATED {same, four},
    rasterOffset-r13              ChannelRasterOffset-NB-r13,
    spare                         BIT STRING (SIZE (2))
}
//IB不同PCI模式下,信道rasterOffset表示NB的中心频点相对于LTE信道中心频点的频率
偏置
Standalone-NB-r13 ::=         SEQUENCE {
    spare                        BIT STRING (SIZE (5))
}

-- ASN1STOP
```

梳理下 MIB 内容：

（1）SFN 的高 4 位，余下 6 位通过 MIB-NB 的编码和辅同步信号携带，

共计 10bit。

（2）H-SFN 的低 2 位，余下 8 位通过 SIB1-NB 消息传输，共计 10bit。

（3）SIB1-NB 调度信息，包括重复次数及传输 TBS。

（4）系统信息值标签（0～31），指示是否需要对已保存的系统消息进行更新。

（5）接入控制使能，需要结合 SIB14 起作用。

（6）指示部署方式及 channel rasterOffset。

14.4　NPBCH 的处理过程

NB 中 BCH 的信息处理过程与 LTE 基本是一样的，如下图所示。

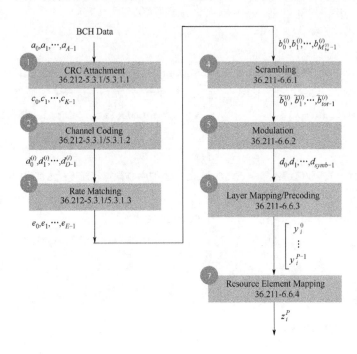

说明如下：

（1）附加 CRC 校验比特：基于 34bits 的有效载荷计算出 16bits 的校验比特。

（2）信道编码：使用 TBCC 编码。

（3）速率匹配：输出比特为 1600bits。

（4）加扰：使用小区专有扰码进行加扰（每 640ms 重新生成一次扰码序列）。

（5）调制：QPSK 调制。

（6）层映射/预编码，因为 NB 中不支持 MIMO，所以此处功能被弱化。

（7）资源映射：将 1600bits 切成 8 个可独立解码的编码子块。对应每个编码子块的调制符号被重复传输 8 次，并扩展到 80ms 的时间间隔上，如下图所示。

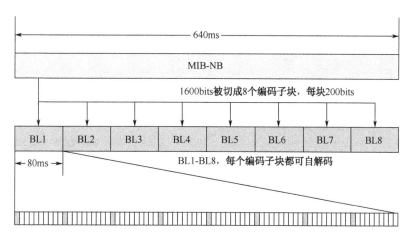

前面已经提到在 MIB 消息中仅仅告诉了 SFN（最大 1024，为 2^{10}，需 10bit 表示）的高 4 位，余下 6 位通过 MIB-NB 的编码和辅同步信号携带，这个怎

么理解？一是 80ms 内 4 个 NSSS 采用不同相位循环偏移，即获得了 20ms 级别的帧定时信息；二是 BL1-BL8 编码子块用的扰码不一样（80ms 内重复传输 8 次扰码相同，但是每 80ms 后换扰码），即获得了 80ms 级别的帧定时信息。两者结合正好可以指示 64 种定时信息，也即确定了 SFN 的后 6 位。

14.5 NPBCH 资源映射

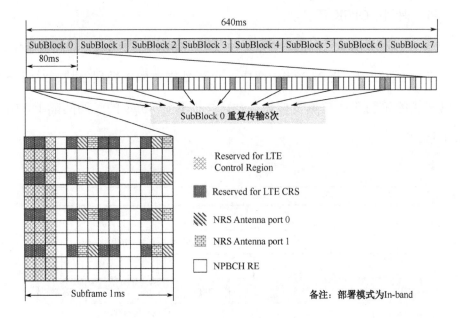

» 上图为 In-band 操作模式下的资源映射。

» 固定在每个帧的第 0 号子帧上发送，周期为 10ms，频域上 12 个子载波。

» 和 LTE 一样，NB-PBCH 端口数通过 CRC mask 识别（请看 NPBCH 处理过程的第一步），区别是 NB-IoT 最多只支持 2 端口。NB-IoT 在解调 MIB 信息过程中确定小区天线端口数。

» 在三种 operation mode 下，NB-PBCH 均不使用前 3 个 OFDM 符号（时域上 11 个符号）。因为终端在解码 MIB 消息之前仍然无法知晓系统到底采用哪种部署方式，所以无论在哪种部署方式下 NPBCH 假定存在 4 个 LTE CRS 端口，2 个 NRS 端口进行速率匹配（按照最复杂的条件进行处理）。

» 做一个简单的计算：一个 NB-IoT 子帧包含 168（12×7×2）个 RE，扣掉前三个 OFDM 符号，再扣掉 NRS 占用的 RE（4×4），再扣掉 CRS 占用的 RE（4×4），剩下的为能用来进行 NPBCH 传输的 RE（11×12−4×4−4×4=100），恰好对应 100 个 QPSK 调制符号，因此每个无线帧上的 0 号子帧恰好装满了 NPBCH 的符号。

14.6　NPBCH 与 PBCH 比较

NPBCH 与 PBCH 比较详见下表。

	NB-IoT NPBCH	Legacy LTE PBCH
频域	12 个子载波	带宽中心附近 72 个子载波
时域	0 子帧	0 子帧
周期	640ms	40ms
Symbol	子帧中第四个 Symbol 开始的 11 个（#3～#13）	子帧中后一个时隙的头 4 个 Symbol（#7～#11）
长度	34 bit	24 bit
CRC 校验	16bit，两种 CRC 掩码确定天线端口数 1,2	16bit，三种 CRC 掩码确定天线端口数 1,2,4
SFN	MIB SFN 4bit 8 种扰码&NSSS 4 种状态	MIB　SFN 高 8bit 4 种扰码确定 SFN 低 2bit
编码	TBCC	TBCC
调制	QPSK 调制	QPSK 调制
多天线	单天线或者 SFBC	单天线/SFBC/C-SFBC FSTD

第15讲 NB-IoT 下行控制信道 NPDCCH

与 LTE 一样，NB 中设计了 NPDCCH 信道，用来承载下行控制消息 NDCI（data 在 NPDSCH 中传输），也就是说 NB 中仍然沿袭了 LTE 共享信道的做法，而不是 2G 中专用信道的做法。

不过因为 NB 仅支持 1 个 PRB 大小的子帧，所以下行 NPDCCH 和 NPDSCH 信道的复用方式将会发生变化，即原 LTE 是在同一个子帧中时分复用，而 NB 中必须跨子帧后使用。此外，在强覆盖章节，吴老师已经讲到过，上下行是支持重传的，这里将与 LTE 有非常大的区别（LTE 需要基于 ACK/NACK 的重传，而 NB 中有时的重传是"傻傻的"，如 NPDCCH），这点要特别引起重视。

15.1 NPDCCH 的 DCI 格式和功能

NPDCCH 是用来做调度的。必须记住，终端要想去解读 NPDSCH 中的 data 信息，就必须先解读 NPDCCH 里面的内容！

那如何理解调度呢？吴老师不妨给同学们提出一些问题，大家带着这些问题去学习也许理解得更深刻些。其实这些问题都是些基本的逻辑关系，掌握这种方法，在今后学习任何一个新的通信技术时都会用到的。

（1）为什么要调度？

答：因为数据都被放在 NPDSCH 上传输（其中的"S"是 share 的意思），也就是不同于专用信道是给某个人用的，共享信道是大家都可以用的，不是分配给某个人的。并且这个资源授权只针对特定的时期。

（2）调度的管理者是谁？谁使用？

答：与所有移动通信系统一样，基于资源集中管理、统一协作的目的，调度必须由基站侧（网络侧）统一负责，UE 负责资源的使用。当然，终端有申请权。

（3）调度的内容有哪些？

答：至少要包含以下几块。

› 谁来用？不同的 RNTI（radio network temporary identifier）被指定给 UE，比如用于随机接入（random access）的 RA-RNTI，用于寻呼 paging 的 P-RNTI，这些都是公用的。而对于特定的某个终端，在与系统建立 RRC 连接完成的时候，系统即会给每个 UE 指定一个唯一的 C-RNTI，这些*RATI 都会被用作 NPDCCH 的 CRC 加扰，因此终端才能用这些"密码"去解扰 NPDCCH，从而判断是否属于自己。

› 资源在哪里（包含时域、频域资源）？重复多少次（不光是 NPDSCH 的重复次数，还要包括 NPDCCH 的重复次数）？

› 用的调制方式和编码效率（由 TBS 隐式获知）是多少？

103

> 是否是新传数据？

……

（4）上行要不要调度？

答：与 LTE 一样，上行资源同样要由基站侧进行调度。

（5）公共消息要不要调度？比如 Paging。

答：与 LTE 一样，公共消息同样要由基站侧进行调度。

基于以上，我们可以梳理出 NPDCCH 的 3 个格式（又称 DCI 格式）和功能，如下表。

DCI Format	Size/bit	作用
N0	23	上行 NPUSCH 调度
N1	23	下行 NPDSCH 调度 PDCCH order 触发的随机接入
N2	15	Paging 及系统消息更新直接指示

如果同学们去比较 LTE 的 DCI 格式，就会发现 NB 中的 DCI 格式大大减少了，其中一个很重要的原因是 NB 对支持的业务信道传输模式进行了简化，仅支持单端口传输或发送分集方式，原 LTE 中用来做空分复用调度的 DCI 理所当然被砍掉了。此外，对于调度 Paging 消息单独设计了一种新的格式 N2，是为了更好地简化终端处理流程，减少终端功耗，当没有来自高层的寻呼消息时，可以在 N2 中直接指示系统消息更新。换句话就是终端在连接态下不用去读系统消息，而在 LTE 中是需要读的。

下面列举 Format N0 和普通类型 Format N1 中的具体内容，大部分字段在以上提问阶段已作简要说明，此处不再赘述。

> Format N0

Field	# of Bits	Description
Flag for format N0/format N1 differentiation	1	0 - N0, 1 - N1
Subcarrier indication	6	See 36.213 Table 16.5.1.1-1
Resource assignment	3	See 36.213 Table 16.5.1.1-2
Scheduling delay	2	See 36.213 Table 16.5.1-1
Modulation and coding scheme	4	See 36.213 Table 16.5.1.2-1
Redundancy version	1	
Repetition number	3	See 36.213 Table 16.5.1.1-3
New data indicator	1	
DCI Subframe repetition number	2	

» Format N1< NPDCCH order = 0, N1 CRC not masked with RA−RNTI >

Field	# of Bits	Description
Flag for format N0/format N1 differentiation	1	0 - N0, 1 - N1
NPDCCH order indicator	1	
Scheduling delay	3	See 36.213 Table 16.4.1-1
Resource assignment	3	See 36.213 Table 16.4.1.3-1
Modulation and coding scheme	4	See 36.213 16.4.1.5
Repetition number	4	See 36.213 Table 16.4.1.3-2
New data indicator	1	
HARQ-ACK resource	4	See 36.213 Table 16.4.21, 36.213 Table 16.4.2-2
DCI Subframe repetition number	2	

注意：在 NPDSCH 和 NPUSCH 相关章节中吴老师还会详细讲解。

15.2 NPDCCH 资源映射

NB-PDCCH 所使用的 CCE（又称为 NCCE）频域大小为半个 PRB 对（6个子载波），在时域上要区分部署方式。在 Stand-alone/Guard 模式下，使用

全部的 OFDM 符号（all OFDM Symbols）；在 In-Band 模式下，根据 SIB1 配置的起始 OFDM 符号开始，至少有 11 个 OFDM 符号。

（1）Standalone/Guardband（Two Antenna Ports，双天线端口）（详见下图）

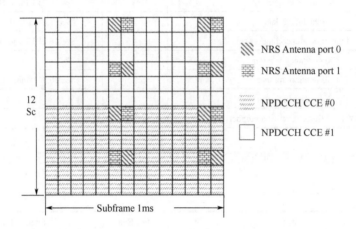

在 Standalone/Guardband 部署方式下，NPDCCH 的映射非常简单。这里映射的是两端口 NRS，阴影部分和非阴影部分分别代表 1 个 NCCE。

（2）In-Band（LTE 4Port 场景）（详见下图）

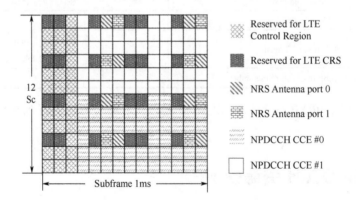

In-Band 场景下，时域上根据 LTE PDCCH 实际占用符号数、LTE 实际占用 CRS RE 数进行速率匹配。图中首先扣掉需要映射给 LTE PDCCH 区域

的资源，剩下的再扣除掉 LTE-CRS 资源（注意这里示意的是 LTE 4port 的情况，也是最复杂的情况了），最后扣除掉 NB 自身的 NRS 信号资源（这里是两个），剩下的就是 NCCE 映射的资源了。同样，阴影标记和无阴影标记的分别代表 1 个 NCCE。

这里提醒几点：

» 终端在此时是获知了 NB 的部署方式的（MIB 消息已经解读完了），系统资源映射也就不再模棱两可、拖泥带水。

» 有没有同学在找 LTE 中 REG 的概念呢？别找了，NB 中没有 REG 的概念，只这些资源，就不搞这么复杂了。

» NCCE 资源映射到底从哪个 symbol 开始，由 NB–SIB1 中的参数 I_{start}^{N} 给定，当然对于 Standalone/Guardband 来说默认等于 0 的。

» 并不是所有的子帧都能用来映射 NPDCCH，NPDCCH 子帧遇到 NPSS/NSSS/NPBCH/SIB1/SI 需要顺延处理（只有 1 个 PRB）。

» 在 LTE 中关于 CCE 引入了聚合等级（Aggregation Level, AL）的概念，也就是同一个 PDCCH 可以采用（1,2,4,8）个 CCE 来传输。与 LTE 类似，NB 也引入了 AL 的概念，不过简化成只支持两种聚合度，如下表：

NPDCCH format	Number of NCCEs
0	1
1	2

注意：AL=2 NCCE 的两个 NCCE 必定位于相同子帧，并且重复传输时仅支持 AL=2。另外大家不要将 DCI 格式的 formats（N0、N1、N2）与此处 NPDCCH 的 formats（0、1）混为一谈，一个主要从功能上区分，另一个从资源映射上

区分。千万不要张冠李戴！

15.3 NPDCCH 的处理过程

NPDCCH 与 LTE 的 PDCCH 的处理过程基本一样，只是 NPDCCH 更简化。下面给出 LTE PDCCH 处理图，相关要点已经备注在图中。

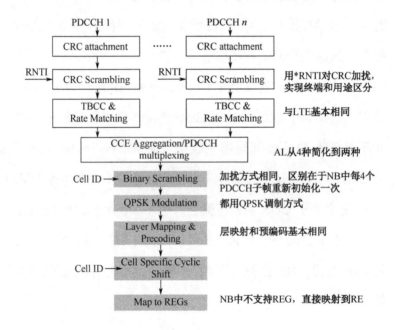

15.4 NPDCCH 的搜索空间

15.4.1 搜索空间分类

NPDCCH 与 LTE 一样，同样存在搜索空间的概念。搜索空间被分为用户

专有搜索空间（UE-specific Search Space，USS）和小区专有搜索空间（Cell-specific Search Space，CSS）。不同于 LTE 的是，NB 中针对 CSS 又被划分为两个类型，一种是随机接入（Random Access）相关信息的 CSS，另外一种是寻呼（Paging）信息相关的 CSS。而 USS 主要用作上下行数据的传输。

搜索空间与 DCI 格式的关系梳理如下表所示：

搜索空间类型	空间子类	支持检测的 DCI format	作用
USS		N0、N1	上、下行数据传输
CSS	CSS Type1	N2	Paging
	CSS Type2	N0、N1	RAR /Msg3 重传/Msg4

15.4.2　搜索空间起始位置及盲检次数

NPDCCH 有别于 LTE 系统的是，并非每个 Subframe 都有 NPDCCH，而是周期性出现。

NB 系统的搜索空间资源位置是通过高层信令配置确定的，各个 Search Space 由无线资源控制（RRC）配置相对应的最大重复次数 R_{max}，其 Search Space 的出现周期大小即为相应的 R_{max} 与 RRC 层配置的一参数的乘积，见如下公式：

$$(NPDCCH的周期)T = R_{max} * G$$

其中，R_{max} 是搜索空间最大重复次数，$G \in \{1.5, 2, 4, 8, 16, 32, 48, 64\}$ 为周期因子。RRC 层还可配置一偏移 $\alpha_{offset} \in \{0, 1/8, 1/4, 3/8\}$ 以调整 Search Space 的开始时间。

注意：对于两个 CSS，系统是通过 SIB-NB 中携带独立的 Paging 消息和 RAR 消息各自对应的搜索空间的配置参数；对于 USS，则是通过 MSG4，也

即 RRC connection setup 消息携带的（配置参数为：nPDCCH-startSF-USS）。

那么，搜索空间（USS/CSS for RAR）的起始子帧，应满足以下公式：

$$\left(10n_f + \lfloor n_s / 2 \rfloor\right) \bmod T = \lfloor \alpha_{\text{offset}} T \rfloor$$

其中，n_f 为帧号，n_s 为时隙号。

假定在 USS 情况下，$R_{\max}=8$、$G=2$，则 T(Period)=2×8=16；α_{offset}=1/8，则偏置=1/8$\times$16=2，因此第一个搜索空间起始位置为 SFN=0，Subframe 偏置在 2 的位置，第二个搜索空间为在 16 个子帧后开始。

搜索空间起始位置如下图所示：

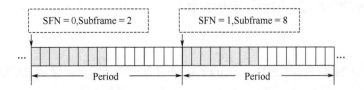

用户是通过盲检的方式获取相应的 DCI 信息。由于考虑到 NB 的耗电问题，所以需要限制盲检次数，这本身得益于 NB 的带宽小（一个子帧中最多两个 NCCEs）、聚合等级仅有两个、无 MIMO 等因素，所以终端不需要做这么多次盲检，只需要考虑聚合等级和重传的影响，从而将 LTE 的盲检 44 次缩减到了最多 4 次。

具体说来，在无 NPDCCH 重复传输的情况下，任何子帧中，最多 3 种盲检候选集；在 NPDCCH 重复传输的情况下，任何子帧中，最多 4 种盲检候选集。具体的计算方法比较繁琐，感兴趣的读者可以查阅相关文档。

一个 DCI 中会带有该 DCI 的重传次数（见 DCI 格式中 DCI Subframe repetition number 字段，前提条件是你要解出来），以及 DCI 传送结束后至其

所调度的 NPDSCH 或 NPUSCH 所需的延迟时间。为什么解出来后还需要指示 DCI 的重传次数，此处不是多此一举吗？不！因为 NB-IoT UE 需要用到此 DCI 所在的搜索空间（Search Space）的开始时间（因为 UE 是盲检到的，对 DCI 的发送情况终端还仍未全面知晓），来推算 DCI 的结束时间以及调度数据的开始时间，以进行数据的传送或接收，这里还涉及 DCI 的 Scheduling delay 字段，这在下篇 NPDSCH 中会有详细讲解。

15.5　DL GAP 配置

对于极端覆盖 UE，NB 系统中新定义 DL Gap 子帧作为无效子帧，对于普通覆盖和中等覆盖的用户把 DL Gap 子帧作为有效子帧。这样做的目的为防止极端覆盖终端的 NPDCCH/NPDSCH 长时间连续传输阻塞普通覆盖和中等覆盖终端的下行信道传输。

该无效子帧仅当 NPDCCH 的 R_{max}（通过 SIB 给定的搜索空间的参数）大于等于 X1（SIB 中配置）门限后，GAP 才生效。当 NPDCCH/NPDSCH 重复传输的子帧和 GAP 子帧重叠时，NPDCCH/NPDSCH 推迟到下个 valid 子帧发送。

下表为 Gap 的配置参数：

GAP 门限（X1）	GAP 周期	GAP Size
{32,64,128,256}	{64,128,256,512}	{1/8, 1/4, 3/8, 1/2} *GAP 周期

DL Gap 的起始子帧满足如下关系：

$$\left(10n_f + \lfloor n_s/2 \rfloor\right) \bmod T_g = 0$$

下面做如下示例计算：

假定 GAP 门限配置 = 32，UE 的 NPDCCH 重发次数 R_{max}= 64，则可以推出 GAP 生效；又假定 GAP 周期配置 512，GAP size=1/8，则 GAP 的第一个初始位置为 SFN=0，Subframe=0 的子帧，第二次 Gap 起始子帧位置在 512 个子帧后，即 SFN=51，Subframe=2 的位置，GAP 的长度=512/8=64 个子帧。GAP 的示意图如下所示。

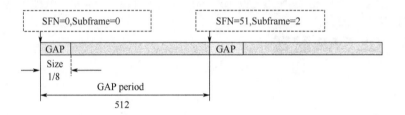

15.6　NPDCCH 与 PDCCH 比较

NPDCCH 与 PDCCH 比较见下表。

	NB-IoT NPDCCH	Legacy LTE（R8）PDCCH
频域	12 个子载波	全带宽
时域	In-Band 下 SIB1 消息指示开始的 OFDM 符号，其他模式，全部 symbols	CFI=[1,2,3]
资源映射	支持 NCCE0 和 NCCE1	频域 4 个 RE 组成 REG 时频域 9 个 REG 组成 CCE
REG	不支持	支持
聚合等级	1 CCE & 2 CCE	1，2，4，8 CCE 聚合等级
调度特点	跨子帧调度	同子帧调度
搜索空间	CSS & USS	CSS & USS
重复传输	支持	不支持
调制	QPSK 调制	QPSK 调制

第16讲　NB-IoT 下行共享信道 NPDSCH

在 NPDCCH 中已经谈过，与 LTE 一样，NB 系统中数据传输基于共享信道的设计，遵循调度→使用→释放的原则。关于调度在上讲中已经详细介绍过，同学们必须明白，理解好 NPDCCH 是理解 NPDSCH 的基础和关键。

下面我们首先通过对 Format N1（普通数据传输的 DCI）的字段进行详细解析，了解下行数传的工作原理，这包括 NPDSCH 的频域位置、什么时间出现、用到的调制和编码方式、HARQ 信息等。

16.1　DCI Format N1 字段解析

Format N1< NPDCCH order = 0, N1 CRC not masked with RA-RNTI >

Field	# of Bits	Description
Flag for format N0/format N1 differentiation	1	0：N0, 1：N1
NPDCCH order indicator	1	
Scheduling delay	3	See 36.213 Table 16.4.1-1
Resource assignment	3	See 36.213 Table 16.4.1.3-1
Modulation and coding scheme	4	See 36.213 16.4.1.5
Repetition number	4	See 36.213 Table 16.4.1.3-2

续表

Field	# of Bits	Description
New data indicator	1	
HARQ-ACK resource	4	See 36.213 Table 16.4.21, 36.213 Table 16.4.2-2
DCI Subframe repetition number	2	

（1）Flag for format N0/format N1 differentiation：区分格式 N0 还是 N1，其中 0：N0，1：N1，N0 和 N1 都属于 USS 搜索空间。

（2）NPDCCH order indicator：分配专用前导序列触发随机接入指示，这里置位 0，也就是 N1 CRC not masked with RA-RNTI，也即表示这里是普通下行数据传输。如果置位 1 的话，那么以下的字段都变成跟随机接入相关的配置消息。

（3）Scheduling delay：调度延迟索引 I_{delay}，这个理解起来有点难度，大家看下表：

I_{Delay}	k_0	
	$R_{max} < 128$	$R_{max} \geqslant 128$
0	0	0
1	4	16
……	……	……
7	128	1024

这里意味着 delay 时延可以有 8 个取值，且跟 R_{max} 取值相关（见 NPDCCH 部分讲解）。假设此处给的索引为 0，那么则可以查表得到：如果 $R_{max} < 128$ 的情况下，$k_0 = 0$，其含义就是结束 NPDCCH 传输后，隔 $k_0 = 0$ 个子帧后再去接收 NPDSCH 信息，这对终端要求实际上是很高的。不过，实际上，协议规定终端在接收完 NPDCCH 信道后，至少要隔 4 个子帧后再去接收 NPDSCH

信道，即实际的 delay=4+k_0，这么做的原因是为了降低终端能力要求。目前来看，某主流设备厂家即设置为 k_0=0，其他取值不再举例说明。这种时序关系称为跨子帧调度，如下图所示：

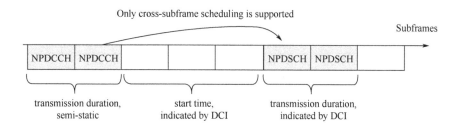

关于上下行的时序关系在后面章节中会详细讲解。

（4）Resource assignment：分配多少个子帧 I_{SF}，协议上最多一次分配 10 个（这个值将在 TBS 中要用到），详见下表：

I_{SF}	N_{SF}
0	1
1	2
...	...
7	10

（5）Modulation and coding scheme：调制和编码方案 I_{MCS}。对于调制方式，在协议上规定 The UE shall use modulation order, Q_m=2，也即都采用 QPSK 调制方式。

对于编码方案，有些复杂，分为传输普通数据和 SIB1-NB 两种情况，这里仅讲传输普通数据，详见下表：

I_{TBS}	I_{SF}							
	0	1	2	3	4	5	6	7
0	16	32	56	88	120	152	208	256
1	24	56	88	144	176	208	256	344
...	...	...	...	...	...	...		
10	144	328	504	680				
11	176	376	584					
12	208	440	680					

上表中，第一列为 I_{TBS}（协议规定在普通数据传输情况下 $I_{TBS} = I_{MCS}$），行是前面已经讲到的子帧分配个数 I_{SF} 索引。可见只有在 $I_{TBS} = 12$、$I_{SF} = 2$ 时才能达到 NB 的最大速率 $= 680bit/3ms = 227kbit/s$，大家不妨算一算。当然，如果考虑重复次数、HARQ 周期、非有效子帧后的实际下行速率要小于 227kbit/s。

注意：如果你理解了这个表格，那么 LTE 的理论速率计算也就难不住你了，思路基本一样。同理，NB 中最低速率= $16bit/1ms = 16kbit/s$ 。

（6）Repetition number：NPDSCH 重复次数 I_{Rep}，前面在强覆盖章节已经讲过，下行最大重复 2048 次，从下表就可以看出来。这也就意味着实际分配给 NPDSCH 的子帧数 $= I_{SF} * I_{Rep}$，且这些资源都是连续的。详见下表：

I_{Rep}	N_{Rep}
0	1
1	2
...	...
14	1536
15	2048

（7）New data indicator：新数据指示。

（8）HARQ-ACK resource：传输完 NPDSCH 后给 UE 配置的上行 HARQ-ACK 反馈资源。注意这点与 LTE 是不同的，LTE 中是基本具有固定的时序关系。但是 NB 中具有 16 种配置情况，且配置区分 15kHz 和 3.75kHz 两种情况，比较复杂。下面讲解 3.75kHz 情况，详见下表：

ACK/NACK resource field	ACK/NACK subcarrier	k_0
0	38	13
1	39	13
...	...	...
14	44	21
15	45	21

第一列为 ACK/NACK resource 索引，共 2^4=16 种配置；第二列对应子载波从 38～45 共计 8 个取值。这里的意思是规定在 3.75kHz 的情况下，以 45 号子载波为 0 号基线子载波，其他子载波基于基线子载波进行偏置，取值为（0，-1，-2，…，-7），共计 8 个；第三列 k_0 取值为 2 个，即时域偏移为 13 或者 21 两个取值，意思代表时域偏移，要么为 13，要么为 21 个子帧（注意单位都为子帧，即 1ms）。这样，共计 4bit 的字段，频域偏移占用 3bit，时域偏移信息占用 1bit，恰好可以表示出资源的时频位置。

实际上，UE 接收完最后一个 NPDSCH 后，最少要等 k_0-1（36.213 协议规定）个子帧后才能进行在 NPUSCH 上传输 ACK/NACK 反馈。原文如下：

The UE shall upon detection of a NPDSCH transmission ending in NB-IoT subframe n intended for the UE and for which an ACK/NACK shall be provided, start, at the end of $n + k_0 - 1$ DL subframe transmission of the NPUSCH carrying ACK/NACK response using NPUSCH format 2 in N consecutive NB-IoT UL slots......

这种时序关系如下图所示：

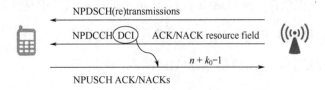

（9）DCI Subframe repetition number：DCI 的重复次数。注意后续传输的定时计算要等 DCI 重复结束后才能开始计算。这里就是吴老师前面所说到的"傻傻的重传"，因为不需要每次都给 ACK/NACK。

16.2　NPDSCH 资源映射

NPDSCH 的子帧结构和 NPDCCH 一样，资源映射方式也基本相同，且 NPDCCH 与 NPDSCH 时分复用，大家可以参考上讲 NPDCCH 资源映射。

16.3　NPDSCH 的处理过程

NPDSCH 与 LTE 的 PDSCH 的处理过程基本一样。相关说明点已经备注在下图中。

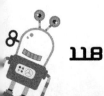

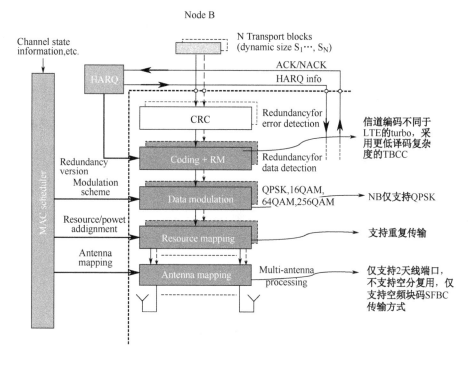

16.4 NB-SIB1 的传输

NB-SIB1 通过 NPDSCH 传输，它具有固定周期，为 256 个无线帧（2560ms），并在周期内可重复 4、8、16 次，这意味着 NB-SIB1 分别每 64、32、16 个无线帧重复发送一次，且等间隔出现。重复次数通过 MIB-NB 中的信元 schedulingInfoSIB1-r13 指示，如下表所示。

Value of schedulingInfoSIB1	Number of NPDSCH repetitions
0	4
1	8
2	16
...	...
12—15	Reserved

NB-SIB1 为什么在子帧#4 上发送？因为子帧#0 已经用来发送 MIB，子帧 #5 用来发送 NPSS，每两个无线帧的一个子帧#9 用来发送 NSSS 了，剩下的可选空间也不大，最后协议规定在子帧#4 上发送。又考虑到性能，传输块的一次传输必须映射到多个子帧，最终协议规定不同大小的 SIB1 传输块都固定映射到 8 个子帧上。为了错开相邻小区 NB-SIB1 的干扰，NB-SIB1 在 2560ms 的调度周期内起始发送位置和 NPCI 有关，这样可以一定程度上错开时域发送位置。下图为 NB-SIB1 传输示意图，设定条件为 Number of NPDSCH repetitions=16。

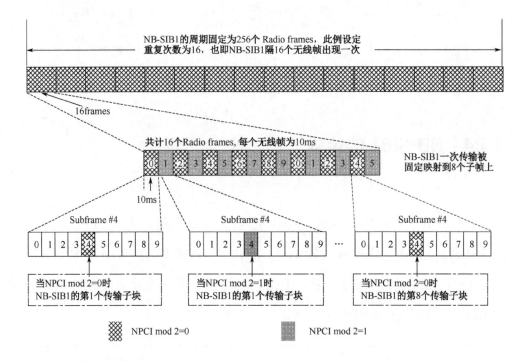

最后列举 NB-SIB1 的消息内容：

» 小区接入（cell access）和小区选择（cell selection）信息；

» H-SFN 的高 8 位（低 2 位在 NB-MIB 中已指示）；

» 其他 SIBs 的调度消息（非常重要）；

» DownlinkBitmap：用于指示下行传输的有效子帧，如果不配置，则
UE 默认除 NPSS、NSSS、NPBCH 和 NB-SIB1 占用的子帧之外都
是下行有效子帧。

第17讲 NB-IoT 上行随机接入信道 NPRACH

从本讲开始吴老师将讲解 NB 的上行信道，本讲主要谈 NPRACH 信道。

其实 2G、3G、4G 系统中都必定有 RACH 信道，其作用也大致类似，都是用来发起 RACH 流程，那么为什么要进行 RACH 流程呢？或者说 NPRACH 信道的作用是什么？

以 LTE 为例，总体看来 RACH 流程大概有两个目的：

» 获得上行同步（特指终端与基站间）

» 获得 Message 3 的资源（e.g, RRC Connection Request）

NB 中 NRACH 信道的作用与上述类似，但是因为 NB 中上行资源的特殊性、支持重发以及协议简化导致了 NPRACH 的信道结构和资源配置等将会与 LTE 有非常大的区别。本讲将重点分析 NPRACH 的结构和资源，同时也会分析 LTE 与 NB 在随机接入信道上的不同点。具体随机接入流程将在后续章节中讲到。

17.1 NPRACH 信道结构

（1）NPRACH 采用 single tone 方式发送，子载波间隔仅支持 3.75kHz，协

议规定 NB 中不支持 15 kHz 的 NPRACH。

（2）针对不同小区大小，支持 2 种 CP 长度，66.7μs（format 1）和 266.7μs（format 2），分别对应 10km 和 35km 的覆盖范围（TD-LTE 支持 5 种不同的 PRACH 格式，每种格式 CP 长度也不尽相同，FDD-LTE 支持 4 种）。

（3）每个 Symbol 长度 266.7μs（1/3.75kHz），5 个 Symbol 和 CP 定义一个 Symbol group。如下图所示。

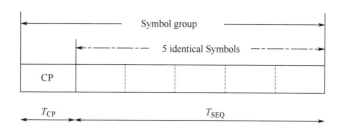

这也就意味着有两种不同长度的 Symbol group，分别为 1.4ms 和 1.6ms，如下图所示。

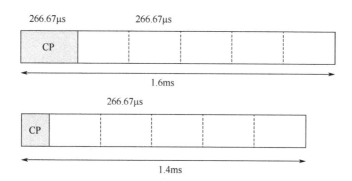

（4）每个 Preamble 由 4 个 symbol groups 组成。因为 CP 不同，因此有两种不同长度的 Preamble 码，分别为短 CP 5.6ms(1.4*4=5.6ms)，长 CP 6.4ms(1.6*4=6.4ms)，最终占用时域 8ms 的时间，多出的时间用作 GT 保护，如下图所示。

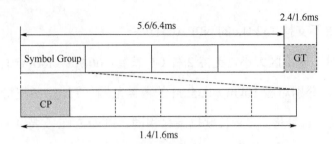

（5）4 个 Symbol Groups 之间采用跳频的方式来发送（获得频率分集增益）

4 个 Groups 之间配置了两个等级的跳频间隔，1st/2nd 之间和 3rd/4th 之间配置了第一等级的跳频间隔，为 $f_{FH1} = 3.75\text{kHz}$，2nd 和 3rd 配置了第二等级的跳频间隔 $f_{FH2} = 22.5\text{kHz}$。

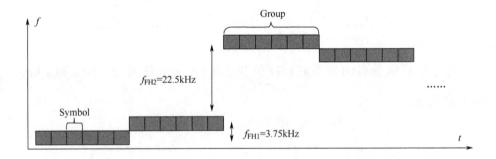

（6）以下是 4 个用户，即 4 个 Preamble 码同时传输时，复用及跳频的示意图如下图所示。

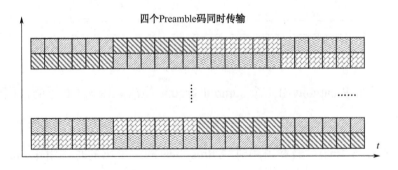

（7）以 Preamble 为单位在 NPRACH 信道进行重复发送，支持时/频域复用，不支持 Preamble 码分复用。

（8）当重复次数大于等于 64 次时，每 64 次重复后需要进入 40ms 的上行 GAP 区域。

原因为 NB 基于低成本的考虑配备的晶振，在连续长时间上行传输后，终端的功放将导致晶振发生频率偏移，这样将影响上行传输性能，因此协议规定对于 NPUSCH 信道，完成 256ms 数据传输后应进入 40ms 的 UL gap 区域，这样终端可以切入到下行传输，利用下行的同步信号进行同步跟踪和频偏补偿。同理对于 NPRACH 信道，协议规定在完成 64 次 Preamble 码后也要进入 UL gap，剩下的 Preamble 码休息后继续发。

（9）不同覆盖等级可以配置不同的资源出现周期、资源的时频域起始位置和资源个数。

（10）1 个 PRACH Band 45kHz，最多配置 4 个 band，Offset 可配置。

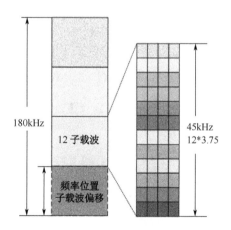

180kHz

12 子载波

频率位置
子载波偏移

45kHz
12*3.75

（11）上行除了 NPRACH，所有其他数据都通过 NPUSCH 传输（只有两个信道）。

17.2 覆盖等级介绍

众所周知，LTE 中采用了大量的链路自适应技术，著名的如 AMC、功控等。在 NB 中，一方面是基于低成本考虑，另外一方面也是因为 NB 的目标业务场景绝大部分为小包传输，一般没有条件提供长时间、连续信道变化指示，因此 NB 中没有设计动态链路自适应方案，而是通过预定义一定数量的覆盖等级（coverage enhancement levels），实现半静态链路自适应。

注意：吴老师翻译成白话文为 AMC 技术是 LTE 的"顶梁柱"，现在基于 LTE 的 NB 系统不得不采用，但是又要考虑成本和终端的业务特点，那就干脆简化成半静态的 AMC 了。

吴老师仍然采用自我提问的方法来梳理覆盖等级的概念：

（1）NB 支持几个覆盖等级？

答：NB 系统支持配置最多 3 个覆盖等级（小区最多下发 2 个 RSRP 值的列表），一般称为 Normal coverage level、Robust coverage、Extreme coverage，对应不同的覆盖范围（比如分别对应 MCL=144dB、MCL=154dB、MCL=164dB，），也称为 CEL 0、CEL 1、CEL 2。

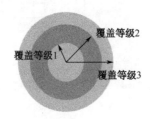

（2）覆盖等级划分的依据是什么？

答：将小区覆盖区域按不同的 MCL（最大耦合路损=发射功率-接收功率）

划分为多个覆盖等级，用于表征路损大小及覆盖深度或广度。

（3）不同覆盖等级下怎么自适应？

答：针对不同覆盖等级，系统可以配置不同的随机接入参数，包括{重复次数，周期，起始时间，子载波数量，频域位置，Msg3 MT 指示}等。终端根据下行信道的接收质量，评估应使用的覆盖等级，并在相应的随机接入信道发送 Preamble，从而使基站隐式获知 UE 所处的覆盖等级，进行相应调度。

（4）碰撞解决方案是什么？

答：如果多个覆盖等级的 PRACH 资源存在冲突时，所述冲突的 PRACH 资源被高覆盖等级认定为无效 PRACH 资源，所述冲突的资源只被最低覆盖等级的 PRACH 使用。

（5）Random Access 失败后终端怎么处理？

答：首先终端在自己本覆盖等级进行重发，达到最大次数后认为本等级不行，NB-IoT UE 会在更高一个 CE Level 的 NPRACH 资源重新进行 Random Access 程序，直到尝试完所有 CE Level 的 NPRACH 资源为止。

注意：吴老师翻译成白话文为，UE 自己通过测量 RSRP 得出路损→根据系统消息中的门限判断出自己处于哪个覆盖等级→系统消息中也已经清楚预定义了不同的覆盖等级的 RACH 参数→终端选择合适的 PRACH 参数发送 Preamble 码→相当于隐式告知了基站终端所处的覆盖等级，基站可根据覆盖等级进行针对性调度→本覆盖等级接入失败→覆盖等级升级后继续发起随机接入。

以下为判决流程图：

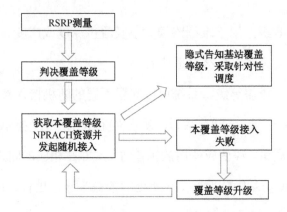

17.3 NPRACH 资源配置

如上节所述，终端要在 PRACH 信道上发送 Preamble 码，就必须先提前知晓自己覆盖等级及 PRACH 的配置信息。如果覆盖等级定义了 3 个，那么系统消息中会广播与之对应的 3 套 PRACH 配置信息。下面来看每套 PRACH 具体配置信息。

NPRACH-ConfigSIB-NB information elements

```
-- ASN1START

NPRACH-ConfigSIB-NB-r13 ::=        SEQUENCE {
    nprach-CP-Length-r13              ENUMERATED        {us66dot7,
us266dot7},
//preamble码CP长度，2种配置可选
    rsrp-ThresholdsPrachInfoList-r13
    RSRP-ThresholdsNPRACH-InfoList-NB-r13  OPTIONAL,  -- need OR
    nprach-ParametersList-r13        NPRACH-ParametersList-NB-r13
}
```

```
NPRACH-ParametersList-NB-r13 ::=    SEQUENCE           (SIZE          (1..
maxNPRACH-Resources-NB-r13)) OF NPRACH-Parameters-NB-r13


NPRACH-Parameters-NB-r13::=    SEQUENCE {
    nprach-Periodicity-r13                   ENUMERATED  {ms40,  ms80,
ms160, ms240,

                                              ms320,  ms640,
ms1280, ms2560},
```
//PRACH重复周期, 8种配置可选
```
    nprach-StartTime-r13                    ENUMERATED {ms8, ms16, ms32,
ms64,

                                              ms128,  ms256,
ms512, ms1024},
```
//通过配置相对于PRACH时域周期起始位置的偏移量来确定PRACH preamble发送的时刻, 8
种配置可选, 第一个prach时域周期起始位置是帧0子帧0。从起始时刻之后第一个子帧开始占
用连续的subframe发送PRACH preamble
```
    nprach-SubcarrierOffset-r13             ENUMERATED {n0, n12, n24,
n36, n2, n18, n34, spare1},
    nprach-NumSubcarriers-r13               ENUMERATED {n12, n24, n36,
n48},
```
//PRACH频域资源, 通过nprach-NumSubcarriers-r13和nprach-SubcarrierOffset
-r13配置, 分别代表子载波个数和子载波偏置量来确定PRACH配置的子载波索引
```
    nprach-SubcarrierMSG3-RangeStart-r13  ENUMERATED {zero, oneThird,
twoThird, one},
    maxNumPreambleAttemptCE-r13             ENUMERATED {n3, n4, n5, n6,
n7, n8, n10, spare1},
```
//Maximum number of preamble transmission attempts per NPRACH resource.
See TS 36.321 [6].
```
    numRepetitionsPerPreambleAttempt-r13  ENUMERATED {n1, n2, n4, n8,
n16, n32, n64, n128},
```
//PRACH时域资源, 周期配置, 8种配置可选
```
    npdcch-NumRepetitions-RA-r13            ENUMERATED {r1, r2, r4, r8,
r16, r32, r64, r128,

                                              r256,    r512,
```

```
r1024, r2048,
                                                    spare4, spare3,
spare2, spare1},
    npdcch-StartSF-CSS-RA-r13              ENUMERATED {v1dot5, v2, v4,
v8, v16, v32, v48, v64},
    npdcch-Offset-RA-r13                  ENUMERATED         {zero,
oneEighth, oneFourth, threeEighth}
}
RSRP-ThresholdsNPRACH-InfoList-NB-r13  ::=  SEQUENCE  (SIZE(1..2))  OF
RSRP-Range
//The criterion for UEs to select a NPRACH resource. Up to 2 RSRP threshold
values can be signalled. The first element corresponds to RSRP threshold
1, the second element corresponds to RSRP threshold 2. See TS 36.321 [6].
If absent, there is only one NPRACH resource.最多两个RSRP门限可以被定义。
第一个门限被当作RSRP threshold 1,第二个门限被当作RSRP threshold 2。如果没有
下发,那么系统默认只有一个等级(也就只有一个NPRACH资源配置)。
-- ASN1STOP
```

17.4　Preamble 码的生成和发送

　　Preamble 序列的生成仍然基于 Zadoff-Chu sequence,并且依赖于子载波的位置,不支持码分复用。考虑到 NB 发起随机接入流程的频率非常低,PRACH容量并不是 NB 考虑的主要问题,最终确定 Preamble 的所有 Symbol Groups上发送的信号都相同(也即不码分复用)。

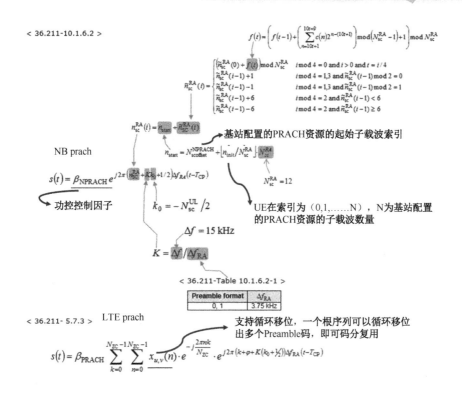

下图为 NPRACH 初始传输和重传中的子载波跳频情况说明，相关备注已在图中注明。

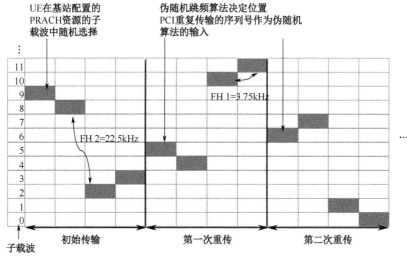

17.5 NPRACH 与 PRACH 比较

NPRACH 与 PRACH 的比较详见下表。

	NB-IoT NPRACH	Legacy LTE R8 PRACH
频域	3.75kHz 子载波间隔 1 个 PRACH band 45kHz 最多配置 4 个 band offset 可配置	1.25kHz 子载波间隔 6 个 RB，使用了 839 个子载波 offset 可配置
时域	CP+5 Symbols 为一个 Symbol Group 时域上 4 个 Symbol Groups 为一个信道 支持两种 CP 长度	FDD 有四种格式，对应不同 CP，Sequence 和 Guard 长度 通过 PRACH Index 配置出现周期和 Format
Preamble Sequence	常数序列，不同 Symbol Group 上不变	长度为 839 的 ZC 序列，由根索引和循环移位根据规则生成
信道数量	根据频域和时域配置确定	一个小区 64 个 Preamble
复用方式	不同 UE 通过 FDM/TDM 复用，不支持 Preamble 复用	相同时频资源，不同 Preamble 码分复用

第 18 讲　NB-IoT 上行共享信道 NPUSCH

本讲将讲解上行共享信道 NPUSCH，请注意上行数据传输才是大部分 NB 终端最主要的业务形式，比如抄表、智能停车业务等。

18.1　NB 与 LTE 上行传输的不同点

上行数据传输复杂度本身就要比下行大，且不幸的是，NB 与 LTE 的上行数据传输存在非常大的差异，在学习上造成了很大的障碍，这里吴老师针对上行传输先给出几个 NB 与 LTE 的传输流程的不同点，并提出一些问题：

» LTE 中，UE 通过发送 SRS 信号进行测量得到上行信道估计，用作调度，这个功能在 NB 直接取消，那自适应调度怎么办？

» LTE 中，当 UE 没有被分配上行 PUSCH 资源，但又有上行数据要发送时，UE 会通过发送 SR（Scheduling Request，在 PUCCH 信道上发送）告诉 eNodeB 有数据要发送，并请求 eNodeB 分配上行 PUSCH 资源。NB 中没有 PUCCH 信道，也没有 SR，那么问题来了，SR 是需要的，因为上行传输资源终归要听 eNodeB 分配的，但是没有了

PUCCH 信道，怎么办？（通过 NPRACH）

» UE 与 eNodeB 建立起连接以后，UE 可能需要与 eNodeB 进行数据传输，UE 会通过 PUSCH 来承载它所发给 eNodeB 的数据。而 eNodeB 需要使用 ACK/NACK 来告诉 UE 它是否成功接收到了数据。此时 ACK/NACK 是通过 PHICH 发送给 UE 的。好，问题来了，NB 中没有 PHICH 信道，ACK/NACK 反馈怎么办？（通过 NPDCCH NDI 指示）

18.2 NPUSCH 上行资源单元 RU

NB-IoT 在上行中根据子载波（Subcarrier）的数目多少、子载波间隔大小分别制订了相对应的资源单位 RU 作为资源分配的基本单位。NPUSCH 根据用途被划分为了 Format 1 和 Format 2。其中 Format 1 主要用来传普通数据，类似于 LTE 中的 PUSCH 信道，而 Format 2 资源主要用来传 UCI，类似于 LTE 中的 PUCCH 信道（其中一个功能）。在载波间隔（Subcarrier Spacing）大小为 3.75kHz 的情况下只支持单频传输，而 15kHz Subcarrier Spacing 既支持单频又支持多频传输。具体细节见本篇物理层帧结构分析。

18.3 DCI Format N0 字段解析（for NPUSCH Format 1）

DCI N0 的作用即是 UL Grant，即上行调度，基本等同于 LTE 中的 DCI 0。我们不妨再来看 DCI Format N0 的字段（见下表），这将直接决定 NPUSCH

的频域位置、什么时间出现、用到的调制和编码方式、HARQ 信息等，通过
对这些字段的解析，能直观、快速地理解 NPUSCH 的信道。

Field	# of Bits	Description
Flag for format N0/format N1 differentiation	1	0 - N0, 1 - N1
Subcarrier indication	6	See 36.213 Table 16.5.1.1-1
Resource assignment	3	See 36.213 Table 16.5.1.1-2
Scheduling delay	2	See 36.213 Table 16.5.1-1
Modulation and coding scheme	4	See 36.213 Table 16.5.1.2-1
Redundancy version	1	
Repetition number	3	See 36.213 Table 16.5.1.1-3
New data indicator	1	
DCI Subframe repetition number	2	

（1）Flag for format N0/format N1 differentiation：区分格式 N0 还是 N1，
其中 0：N0, 1：N1，N0 和 N1 都属于 USS 搜索空间。

（2）Subcarrier indication：子载波指示，采用的是动态指示。这里理解起
来有点困难，因为要区分子载波间隔是 3.75kHz 还是 15kHz 两种情况。引用
下 36.213 中的描述：

For NPUSCH transmission with subcarrier spacing $\Delta f = 3.75 \text{ kHz}$, $n_{sc} = I_{sc}$
where I_{sc} is the subcarrier indication field in the DCI. $I_{sc} = 48, 49, ..., 63$ is reserved.

解释：对于 3.75kHz，因为只支持单频传输，所以只要指示子载波位置即
可。子载波位置只有 48 个，因此 48-63 是保留的，其他的为一对一关系。

For NPUSCH transmission with subcarrier spacing $\Delta f = 15 \text{ kHz}$, the subcarrier
indication field (I_{sc}) in the DCI determines the set of contiguously allocated
subcarriers (n_{sc}) according to Table 16.5.1.1-1.

解释：对于 15kHz，因为支持单频和双频传输，子载波个数有 1,3,6,12 四种取值，子载波位置也会随之改变（见下表）。系统采用的是联合指示，$I_{sc}=0\sim$ 11，指示的是单频传输的情况，子载波位置分别为 $0\sim11$ 一一对应；$I_{sc}=12\sim$ 15（即第二行），对应的是子载波是 3 个的多频传输，位置共有 4 个；以此类推，$I_{sc}=18$，对应的是子载波是 12 个的多频传输，位置共有 1 个，$19\sim63$ 被保留。可见如果想理解子载波指示，必须对 RU 资源非常熟悉。

Subcarrier indication field (I_{sc})	Set of Allocated subcarriers (n_{sc})
$0\sim11$	I_{sc}
$12\sim15$	$3(I_{sc}-12)+\{0,1,2\}$
$16\sim17$	$6(I_{sc}-16)+\{0,1,2,3,4,5\}$
18	$\{0,1,2,3,4,5,6,7,8,9,10,11\}$
$19\sim63$	Reserved

（3）Resource assignment：分配多少个 RU，协议上最多一次分配 10 个（在 TBS 中将用到）。注意这里与子载波间隔、单频/多频无关。即使是单频传输也可以指配 10 个 RU，详见下表。

I_{RU}	N_{RU}
0	1
1	2
2	3
3	4
4	5
5	6
6	8
7	10

（4）Scheduling delay：I_{delay} 详见下表。

I_{delay}	k_0
0	8
1	16
2	32
3	64

　　这里意味着 delay 时延可以有 4 个取值，请注意这里比下行要简化，不再考虑 R_{max} 取值的影响。假设此处给的索引为 0，那么则可以查表得到：$k_0 = 8$，其含义就是结束 NPDCCH 传输后，隔 $k_0 = 8$ 个子帧后再去传输 NPUSCH 信息。目前来看，某主流设备厂家即设置为 $k_0 = 8$，其他取值不再举例说明。跟下行一样，这种时序关系称为跨子帧调度，如下图所示。

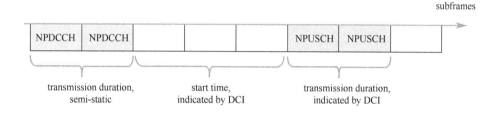

　　（5）Modulation and coding scheme：调制和编码方案 I_{MCS}。因为上行支持不同的传输方式，因此情况比较复杂。如果对于 RU 大于 1 的情况，则对于调制和编码方式与下行表格一样，参见下行 Modulation and coding scheme。但是对于 RU=1 情况，则另外制定了一套映射表格，详见下表。

　　The UE shall use modulation order, $Q_m = 2$ if $N_{\text{sc}}^{\text{RU}} > 1$. The UE shall use I_{MCS} and Table 16.5.1.2-1 to determine the modulation order to use for NPUSCH if $N_{\text{sc}}^{\text{RU}} = 1$.

MCS Index I_{MCS}	Modulation Order Q_m	TBS Index I_{TBS}
0	1	0
1	1	2
2	2	1
3	2	3
4	2	4
5	2	5
6	2	6
7	2	7
8	2	8
9	2	9
10	2	10

解释：可见相比于 RU 大于 1 的情况，MCS 少了两个等级。另外，在 MCS=0,1 时调制方式不是 QPSK，而是 BPSK。

但不管对于 RU 是什么情况，TBS 表格采用的是一样的，详见下表：

I_{TBS}	I_{RU}							
	0	1	2	3	4	5	6	7
0	16	32	56	88	120	152	208	256
1	24	56	88	144	176	208	256	344
...	...	...	...	...	...	...		
10	144	328	504	680	872	1000		
11	176	376	584	776	1000			
12	208	440	680	1000				

第一行为 I_{TBS}（协议规定在普通数据传输情况下 $I_{TBS} = I_{MCS}$），行是前面已经讲到的 RU 分配个数 I_{RU}。可见只有在 I_{TBS} =12、I_{RU} = 3（对应 4 个 RU）

的时候才能达到 NB 的最大上行速率，大家不妨算一算，此时是采用 1000bits 大小的 TBS（注意下行 TBS 最大为 680bits），占用 12 个子载波的 RU 个数为 4 个，所以传输时长为 4ms。上行最大速率 ＝ 1000bits/4ms ＝ 250kbit/s。

注意：以上计算是在子载波 12 个情况下取得的（Multi-Tone）。当然，如果考虑重复次数、HARQ 周期、非有效子帧后的实际下行速率要小于此速率。

（6）Repetition number：NPUSCH 重复次数 I_{Rep}，在强覆盖章节已经讲过上行最大重复 128 次，详见下表。

I_{Rep}	N_{Rep}
0	1
1	2
...	...
6	64
7	128

（7）New data indicator：新数据指示。

请注意前面已经谈到，NB 中取消了下行 PHICH 信道，也就是对 PUSCH 上传输的数据在下行给 UE 反馈 ACK/NACK 消息的信道。此时系统就是通过 New data indicator 的指示来给 UE 反馈 ACK/NACK 信息的。

（8）Redundancy version：NB 上行传输支持两个 RV，即 RV0 和 RV2。NB 下行不支持 RV 版本，而传统的 LTE 中支持 RV0、RV1、RV2 三种版本。

（9）DCI Subframe repetition number：DCI 的重复次数。注意后续传输的定时计算要等 DCI 重复结束后才能开始计算。

18.4　NPUSCH Format2（UCI）调度字段解析

　　再次强调，上一小节讲到的 DCI Format N0 仅仅是针对 Format1 的调度，那么对于 Format2（UCI）的调度在哪里呢？其实吴老师已经在 NPDSCH 章节的 HARQ-ACK resource 字段中讲解了。请自行查阅相关章节，此处不再赘述。

18.5　NPUSCH 的其他特性

　　» 　上行非连续传输：当 UE 传输时长大于等于 256ms 时，每 256ms 传输时长需要进入 40ms 的上行 GAP 区域，称为 UL gap，主要的原因是防止 UE 长时间使用后发生频率漂移。

　　» 　在 In-Band 场景下，根据配置可采用打孔的方式避让 LTE SRS 信号的发送。

　　» 　Multi-tone 时采用子帧级重复+码块级重复的方式实现重复，Single-tone 仅采用码块级重复，重复块之间 RV 版本交替。

　　» 　Format1 格式对应的信道结构仍然采用现有 LTE 的 PUSCH 的结构，只是子载波间隔为 3.75kHz 时，解调参考信号所在位置略有不同。而物理层处理过程与 LTE PUSCH 相同，都是经历加扰、调制、传输预编码、资源映射、生成 SC-FDMA 信号。

18.6　NPUSCH 与 PUSCH 比较

NPUSCH 与 PUSCH 比较详见下表。

PUSCH	NB-IoT	Legacy LTE R8
频域	3.75kHz 间隔，single tone 15kHz 间隔，Single tone 15kHz 间隔，12/6/3 tones	15kHz 子载波间隔 RB，12 个子载波
时域	15kHz 和 Legacy LTE 对齐 3.75kHz 下，定义 2ms Slot	1ms 子帧调度周期
信息	NPUSCH 1 上行数据 NPUSCH 2　ACK/NACK	PUSCH 上行数据，也可以携带 ACK/NACK
资源分配	按照 RU 分配资源 不同频域带宽对应不同 RU 资源时长	按 RB 分配资源 RB 数量为 2, 3, 5 倍数
编码	1/3 Turbo	1/3 Turbo
调制	BPSK，QPSK	QPSK，16QAM
RV 版本	支持 RV0，RV2	支持 RV0, RV1, RV2, RV3

第19讲 NB-IoT 上行参考信号 DMRS 及信道小结

我们知道在 LTE 中上行有两个参考信号，一个是 DMRS 信号（Demodulation Reference Signals，解调参考信号）；另外一个是 SRS（Sounding Reference Signals，探测参考信号），前面已经讲过 NB 中为了简化直接去除了 SRS，这意味着 NB 不需要这么精确的信道信息，在调度这块不需要这么精准，但也并不意味着完全不考虑自适应调度。实际上在 NB 中采用的是半静态自适应技术，也就是前面讲过的 CE，将无线环境根据 RSRP 划为最多三个覆盖等级并做相对静态的链路自适应。此外，NB 中采用了大量的重传，这完全是不考虑效率的，基于以上的分析，SRS 也就不存在太大的必要了。

即使这样，NB 也没有去除掉 DMRS，这里就有必要去谈谈 DMRS 的作用了。

19.1 DMRS 信号的作用

DMRS 信号（Demodulation Reference Signals，解调参考信号），重点在

于"解调"两字,就如下行一样,我们也设计了 NRS,其中一个很重要的作用也是解调。

此外 DMRS 还有同步、测量(比如上行 SINR)的功能,因为涉及解调参考,所以它的作用是很重要的,不能没有它!

19.2 DMRS 资源映射

下面分为 15kHz 和 3.75kHz 进行分析。

(1) 15kHz DMRS 时频资源映射

我们来分析 15kHz 子载波情况,与 LTE 几乎是一样的。先来看 NB 资源映射:

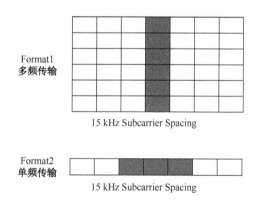

再来看 LTE DMRS 资源映射:

UL DMRS allocation per slot for Normal Cyclic Prefix

		Symbol Number				
0	1	2	3	4	5	6

PUCCH — DMRS — — — DMRS —

— — DMRS DMRS DMRS — —

Fomat 2X

PUSCH — DMRS — PUSCH — —

Fomat 1X

PUCCH — DMRS DMRS DMRS — —

— DMRS — — — DMRS —

实际上如果从功能上来看，NB 中的 NPUSCH Format1 与 LTE 中的 PUSCH 信道是很类似的，而 NB 中的 NPUSCH Format2 与 LTE 中的 PUCCH Format1/1a/1b（分别用来传 SR、1bit 的 ACK/NACK 信息、2bit 的 ACK/NACK 信息）是很类似的。所以，从这点来看，15kHz 子载波情况下，NB 的 DMRS 设计基本沿袭 LTE。

此处还要注意一点，NB 中没有反馈 CQI 需求，所以也就没有类似 LTE Format 2X 系列格式。

（2）3.75kHz DMRS 时频资源映射

因为 LTE 中没有 3.75kHz 的子载波，所以没办法与 LTE 进行类比，但是有了 15kHz 对比的结论，同学们也可以发现其中的秘密。

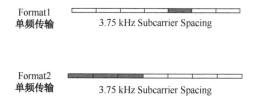

实际上，对于 3.75kHz 的 DMRS 的映射也与 15kHz 的映射大同小异，只是映射的位置发生了变化，如下表所示。

NPUSCH format	Values for l	
	$\Delta f = 3.75\,\text{kHz}$	$\Delta f = 15\,\text{kHz}$
1	4 ⟵	3
2	0, 1, 2 ⟵	2, 3, 4

那么为什么要做以上调整呢？请看下图：

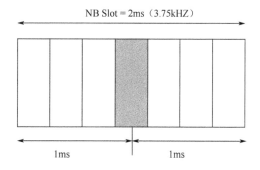

如果沿用 LTE 的映射方式，那么 DMRS 存在两个问题，第一是 DMRS 将对应两个 LTE 的子帧，第二是 DMRS 会与 LTE 的 SRS 碰撞，因此对此进行了偏移。在上图中再次提醒大家，对于 3.75kHz 子载波间隔，1 Slot=2ms。

3）不同子载波间隔情况下的共同点：

» 　对于 NPUSCH format 1，每个 NB-Slot 有 1 个符号用于 DMRS；

» 　对于 NPUSCH format 2，每个 NB-Slot 有 3 个符号用于 DMRS；

» 不同的子载波间隔下，DMRS 占用符号位置不一样。

19.3 NB 中 DMRS 与 LTE 的差异性

NB 中 DMRS 与 LTE 有很多细小的差异性，但是吴老师认为最主要的是没有资源复用了。下面以 NPUSCH Format 2 进行说明。

在 LTE 中因为资源分配基本单位是 RB，上行 PUCCH 的资源配置也是以 RB 进行的（注意有交叉，获得频域和时间双重分集增益）。如果用 1 个 RB 来传 1bit 的 ACK/NACK 信息，那么这真是浪费巨大，且尤其对于 TDD-LTE 来说上行本来资源就不充裕，所以 PUCCH 就必定面对复用的问题。

具体来说，复用方式包括对序列进行循环移位或者采用正交码。下表为 LTE 中不同 format 格式容量复用的示例，可见 LTE 中存在大量的复用。

PUCCH formats	Control type	Number of Bits	Multiplexing Capacity (UE/RB)
PUCCH Format 1	Scheduling request	ON/OFF keying	36, 18, 12 18(typical value)
PUCCH Format 1a	1-bit ACK/NACK	1	36, 18, 12 18(typical value)
PUCCH Format 1b	2-bit ACK/NACK	2	36, 18, 12 18(typical value)
PUCCH Format 2	CQI	20	12, 6, 4 6(typical value)
PUCCH Format 2a	CQI + 1-bit ACK/NACK	21	12, 6, 4 6(typical value)
PUCCH Format 2b	CQI + 2-bit ACK/NACK	22	12, 6, 4 6(typical value)

正因如此，在 LTE 中 UL grant 调度中，DCI 0 中也出现了"Cyclic shift for DM RS and OCC index"字段，解析如下：

Cyclic shift for DM RS and OCC index - 3 bits。用于支持 SU-MIMO 上区分不同层间的传输。并用于支持上行 MU-MIMO，通过给调度在相同时频资源上的不同 UE 分配不同的参考信号循环移位和 OCC，eNodeB 可以估计来自每个 UE 的上行信道并通过适当的处理来抑制 UE 间的干扰。

但是我们不妨再去看 DCI N0 会发现在资源分配这个字段中压根没有提到这个字段。所以结论就是 NB 中没有 DMRS 的复用，这点大家要留心。

19.4　NB 中信道小结

（1）下行信道与 LTE 的对比（详见下表）

	NB-IoT	Legacy LTE
PSS/SSS	Y	Y
PBCH	Y	Y
RS	Y	Y
PCFICH	N	Y
PHICH	N	Y
PDCCH	Y	Y
PDSCH	Y	Y

（2）上行信道与 LTE 的对比（详见下表）

	NB-IoT	Legacy LTE
PRACH	Y	Y
PUCCH	N	Y
PUSCH	Y	Y
Sounding RS	N	Y
DMRS	Y	Y

19.5　结语

到本讲为止，吴老师已经讲解了 NB 系统中所有的信号与信道。有了这些基础知识，我们终于可以愉快地去讲解 NB 系统中的一些关键过程和关键技术了。

THE END IS THE BEGINNING!

关键技术篇

如果说物理层是砖和瓦，那么关键技术就是房子的柱子和梁，它们共同支撑起了 NB-IoT 系统。

根据协议栈结构，物理层是位于底层的，下层为上层服务，上层调用下层服务，所以你会看到因为有了物理层的技术基础后，位于物理层之上的关键技术的学习将 so easy！

第 20 讲　NB-IoT 网络架构

NB-IoT 的引入，给 LTE/EPC 网络带来了很大的改进要求。传统的 LTE 网络的设计，主要是为了适应宽带移动互联网的需求，即为用户提供高带宽、高响应速度的上网体验。但是，NB 却具有显著的区别：终端数量众多、终端节能要求高（现有 LTE 信令流程可能导致终端耗能高）、以小包收发为主（会导致网络信令开销远远大于数据载荷传输本身大小）、可能有非格式化的 Non-IP 数据（无法直接传输）等。

为了适应 NB 终端的接入需求，3GPP 对网络整体架构和流程进行了增强，提出了一些解决方案，这主要包括如何适配小包业务的传输、无线侧怎么适配、怎么解决 Non-IP 数据的传输、怎么传输 SMS 短信业务等。

20.1　NB 总体网络架构

NB-IoT 的端到端系统架构如下图所示。

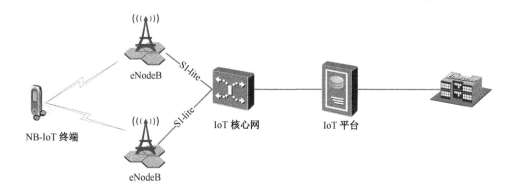

» NB-IoT 终端：通过空口连接到基站。

» eNodeB：主要承担空口接入处理，小区管理等相关功能，并通过 S1-lite 接口与 IoT 核心网进行连接，将非接入层数据转发给高层网元处理。这里需要注意，NB-IoT 基站可以独立组网，也可以与 EUTRAN 融合组网（在讲双工方式的时候谈到过，NB 仅能支持 FDD，所以这里必定跟 FDD 制式融合组网）。

» IoT 核心网：承担与终端非接入层交互的功能，并将 IoT 业务相关数据转发到 IoT 平台进行处理。同理，这里 NB 可以独立组网，也可以与 LTE 共用核心网。

需要注意的是，"IoT 核心网"是笼统的写法，下文将就此进行详细介绍，这里涉及较多的技术细节。

» IoT 平台：汇聚从各种接入网得到的 IoT 数据，并根据不同类型转发至相应的业务应用器进行处理。

» 应用服务器：是 IoT 数据的最终汇聚点，根据客户的需求进行数据处理等操作。

20.2 UP 和 CP 传输优化方案大战

为了适配 NB-IoT 的数据传输特性，协议上引入了 CP 和 UP 两种传输优化方案，即 control plane CIoT EPS optimization 和 user plane CIoT EPS optimization。CP 方案通过在 NAS 信令传递数据，UP 方案引入 RRC Suspend/Resume 流程，均能实现空口信令交互减少，从而降低终端功耗。

需要说明的是 CP 方案又称为 Data over NAS，UP 方案又称为 Data over User Plane。

将以上总体架构图进行细化，如下图所示。

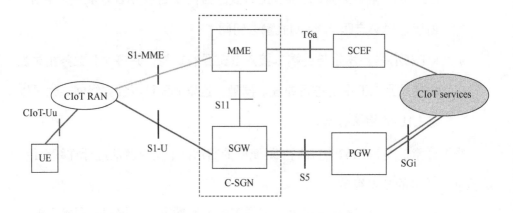

上图中说明几点：

（1）SCEF 称为服务能力开放平台，为新引入网元，该网元现网尚未部署。

（2）在实际网络部署时，为了减少物理网元数量，可将部分核心网网元（如 MME、SGW、PGW）合一部署，称为 CIoT 服务网关节点 C-SGN，如上图中虚框所示。从上也可以看出，PGW 可单设，也可集成到 C-SGN 中来，图中所

示的为 PGW 单设。

（3）Control plane CIoT EPS optimization 不需要建立数据无线承载 DRB，直接通过控制平面高效传送用户数据（IP 和 non-IP）和 SMS。NB-IoT 必须支持 CP 方案，小数据包通过 NAS 信令随路传输至 MME，然后发往 T6a 或 S11 接口。

这里实际上得出在 CP 传输模式下，有两种传输路径，梳理如下：

> 　　UE ↔ ENB ↔ MME ↔ SCEF ↔ CIoT Services；

> 　　UE ↔ ENB ↔ MME ↔ SGW/PGW ↔ CIoT Services。

（4）user plane CIoT EPS optimization，通过新定义的挂起和恢复流程，使得 UE 不需要发起 service request 过程就能够从 ECM-Idle 状态迁移到 ECM-Connected 状态，（相应地 RRC 状态从 Idle 转为 Connected），从而节省相关空口资源和信令开销。这里分两层意思：一是 UP 方式需要建立数据面承载 S1-U 和 DRB（类似于 LTE），小数据报文通过用户面直接进行传输；二是在无数据传输时，UE/eNodeB/MME 中该用户的上下文挂起暂存，有数据传输时快速恢复。

20.2.1　CP 和 UP 方案传输路径对比

CP 和 UP 方案传输路径的对比如下图所示。

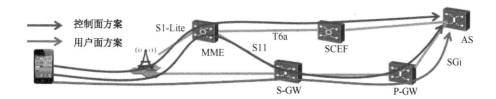

此处不再赘述。

20.2.2　CP和UP协议栈对比

（1）CP方案的控制面协议栈

UE和eNodeB间不需要建立DRB承载，没有用户面处理，如下图所示。

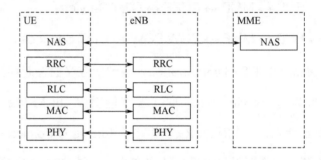

CP方案在UE和eNodeB间不需要启动安全功能，空口数据传输的安全性由NAS层负责。因此空口协议栈中没有PDCP层，RLC层与RRC层直接交互。上行数据在上行RRC消息包含的NAS消息中携带，下行数据在下行RRC消息包含的NAS消息中携带。

（2）UP方案的控制面协议栈（详见下图）

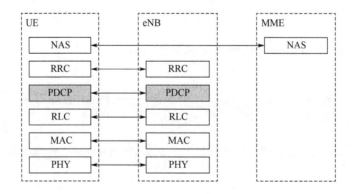

上下行数据通过 DRB 承载携带，需要启用空口协议栈中 PDCP 层提供 AS 层安全模式。

20.2.3　信令流程对比

下图为 LTE、CP 方案、UP 方案的信令流程及空口信令条数对比（详细信令见下一讲），可见 NB 通过 CP 和 UP 方案确实能减少信令开销。

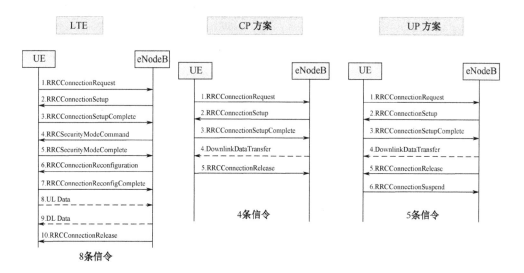

说明：UP 中关于挂起和恢复流程将在下一讲中详细阐述。

20.2.4　CP/UP 方案综合比较

CP/UP 方案综合比较详见下表。

对比维度	控制面 CP 方案	用户面 UP 方案
3GPP 标准化	必选方案	可选方案
信令开销	传输数据时空口节省约 50%的信令	传输数据时空口节省约 50%信令，相对 CP 方案，增加了 PDN 建立时用户面承载建立信令
业务多样性	单一 QoS 业务	支持多 QoS 业务
传输小包的效率	高，RRC 建立时随路发送数据	低，先恢复 RRC 连接，再从用户面发送数据
传输大包的效率	低，数据需分多个包，每个包都需封装在 NAS 信令中随路传输，效率低。（单个 NAS PDU 最大 64kb）	高，多个数据包从用户面直接传输，效率高
移动场景	适合	跨基站移动时，需通过 X2 接口传递用户上下文，信令开销较大
开发难度	核心网改造大，基站改造小	核心网改造小，基站改造大
存储要求	无额外存储要求	挂起状态时，基站、核心网都需缓存用户上下文。单用户上下文信息约 10kByte，以 eNB 服务 5 万用户，MME 服务 100 万用户为例，核心网增加 10G、基站增加 500M 存储要求。LTE 基站目前支持 1200 连接态用户，即存储 1200 个用户，NB-IoT 基站存储要求将增长 40 倍以上

从某国内运营商策略来看，初期以控制面方案为主，后续按需支持用户面方案。

20.3　Non-IP 数据传输方案

针对 Non-IP 数据传输方案，下图为通过 SCEF 传输与通过 PGW 传输的对比示意图。

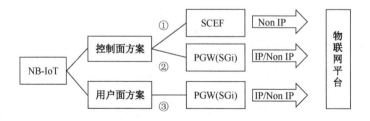

» 通过 SCEF 传输（路径①）：MME 将用户的 Non IP 数据从 NAS 信令中剥离后，通过 T6a 接口发往 SCEF，然后发给物联网平台。

注意：SCEF 为能力开放网元，和 MME 之间采用 T6a 接口，该网元现网尚未部署。

采用此方案的话，将存在两个数据出口点：所有的 IP 数据从 PGW 出去，Non-IP 数据从 SCEF 出去。将存在如下问题：网络中存在两个计费点，计费规则需要重复配置；PGW 中的 DPI、防欺诈等功能需重复实现在 SCEF 中。

» 通过 PGW 传输（路径②和③）：Non IP 类数据通过该 PDN 连接传至 PGW 后，由 PGW 通过专用隧道发往物联网平台。

此方案的优点是只存在一个出口点，IP/Non-IP 数据都从 PGW 出去，统一计费，统一数据处理，节省资源。

从某国内运营商策略来看，采用 PGW 传输方案，统一数据出口，SCEF 只做能力开放。

20.4　短消息传输方案

对于 NB 来说，SMS 短信服务是非常重要的业务。仅支持 NB 的终端，由于不支持联合附着（combined attach），所以不支持基于 CSFB 的短信机制。以下为通过 SGs 短信和 PS 短消息的对比分析。

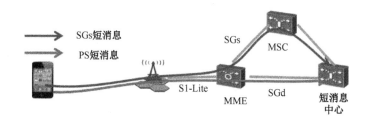

» SGs 短消息：终端非联合附着，MME 代理终端联合附着至 CS 域，
短信由终端通过 NAS 信令传至 MME，然后通过 SGs 接口发往 MSC，
由 MSC 发往短消息中心。此方案的优点为网络改造小、产业成熟。
缺点为 MME 有新增功能需求、需要 CS 网元、短信中心，网络拓扑
变得复杂。

» PS 短消息：终端非联合附着，短信通过 NAS 信令传至 MME，然后
通过 SGd 接口发往短消息中心。此方案的优点为不依赖于 CS 域，
缺点为 MME、短信中心改造大、产业支持差。

所以，从近期来看，如果支持短消息业务的话，优先选择 SGs 短消息
方案。

第21讲　NB-IoT 关键信令流程

NB-IoT UE 可以支持所有需要的 EPS 流程，比如 ATTACH、DETACH、TAU、MO Data Transport 及 MT Data Transport，当然，EPS 流程又必须跟无线的 RRC 流程耦合在一起。下面主要讲 MO Data Transport 流程，这将是 NB 中的主要业务形式，它又分为两种形式，一种是 CP 方案，也就是 Data over NAS，另外一种是 UP 方案，也就是 Data over User Plane。至于 CP 和 UP 组网方案的详细分析可参考上讲中的网络结构。

21.1　CP 传输方案

Data over NAS 是用控制面消息传递用户数据的方法。目的是为了减少 UE 接入过程中的空口消息交互次数，节省 UE 传输数据的耗电量。

21.1.1　CP 传输方案端到端信令流程

Data over NAS 的 E2E 的 MO 流程如下图所示。

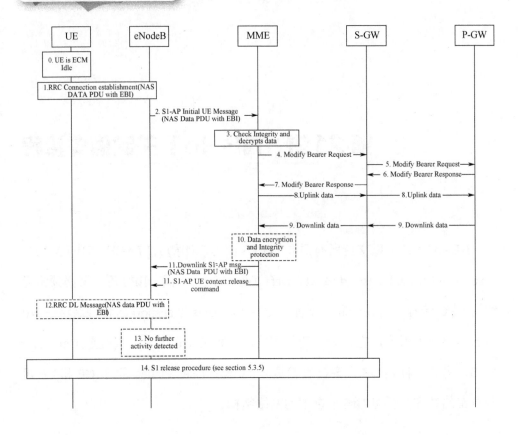

步骤 0：UE 已经 EPS attached，当前为 ECM-Idle 状态。

步骤 1～2：UE 建立 RRC 连接，在 NAS 消息中发送已加密和完整性保护的上行数据。UE 在 NAS 消息中可包含 Release Assistance Information，指示在上行数据传输之后是否有下行数据传输（比如，UL 数据的 Ack 或响应）。如果有下行数据，MME 在收到 DL data 后释放 S1 连接。如果没有下行数据，MME 将数据传输给 SGW 后就立即释放连接。

关于 RRC 连接建立的细节参见下一小节。

步骤 3：MME 检查 NAS 消息的完整性，然后解密数据。在这一步，MME 还会确定使用 SGi 或 SCEF 方式传输数据。

步骤 4：MME 发送 Modify Bearer Request 消息提供 MME 的下行传输地

址给 SGW，SGW 现在可以经过 MME 传输下行数据给 UE。

步骤 5～6：如果 RAT type 有变化，或者消息中携带有 UE's Location 等，SGW 会发送 Modify Bearer Request message（RAT Type）给 PGW。该消息也可触发 PGW charging。

步骤 7：SGW 在响应消息中给 MME 提供上行传输的 SGW 地址和 TEID。

步骤 8：MME 将上行数据经 SGW 发送给 PGW。

步骤 9：如果在步骤 1 的 Release Assistance Information 中没有下行数据指示，MME 将 UL data 发送给 PGW 后，立即释放连接，执行步骤 14。否则，进行下行数据传输。如果没接收到数据，则跳过步骤 11～13 进行释放。在 RRC 连接激活期间，UE 还可在 NAS 消息中发送 UL 数据（图中未显示）。在任何时候，UE 在 UL data 中都可携带 Release Assistance Information。

步骤 10：MME 接收到 DL 数据后，会进行加密和完整性保护。

步骤 11：如果有 DL data，MME 会在 NAS 消息中下发给 eNB。如果 UL data 有 Release Assistance Information 指示有 DL 数据，MME 还会马上发起 S1 释放。

步骤 12：eNB 将 NAS data 下发给 UE。如果马上又收到 MME 的 S1 释放，则在 NAS data 下发完成后进入步骤 14 释放 RRC 连接。

步骤 13：如果 NAS 传输有一段时间没活动，eNB 则进入步骤 14 启动 S1 释放。

步骤 14：S1 释放流程。

21.1.2　RRC 连接建立过程

NB-IoT UU 口消息大都重新进行了定义，虽和 LTE 名称类似，但是简化

了消息内容。

NB-IoT引入了一个新的信令承载SRB1bis。SRB1bis的LCID为3，和SRB1的配置相同，但是没有 PDCP 实体。RRC 连接建立过程创建 SRB1 的同时隐式创建 SRB1bis。对于 CP 来说，只使用 SRB1bis。因为 SRB1bis 没有 PDCP层，在 RRC 连接建立过程中不需要激活安全模式，SRB1bis 不启动 PDCP 层的加密和完整性保护，如下图所示。

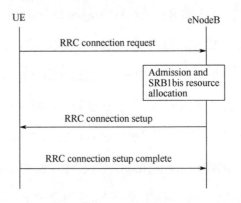

下面对 RRC 建立流程进行详细描述：

（1）UE 主动或者收到寻呼后被动发起 RRCConnectionRequest-NB。RRCConnectionRequest-NB 消息部分信元解析：

IE/Group Name	Value	Semantics description
ue-Identity-r13	randomValue 或 s-TMSI	用户标识
EstablishmentCause_r13		NB-IoT 支持四种连接建立原因：mt-Access、mo-Signalling、mo-Data 和 mo-Exception-Data

（2）eNodeB 向 UE 发送 RRCConnectionSetup-NB，只建立 SRB1bis 承载。eNodeB 也可以向 UE 发送 RRCConnectionReject-NB，拒绝 UE 连接建立请求，比如发生流控时。

（3）RRC 连接建立成功后 UE 向 eNodeB 回送 RRCConnectionSetup Complete-NB，消息中携带初始 NAS 专用信息。RRCConnectionSetupComplete-NB 消息信元解析：

IE/Group Name	Semantics description
s-TMSI-r13	用于 S1 接口选择。UP 时如果 UE resume 失败，UE 将回落进行 RRC 连接建立，由于恢复请求消息 MSG3 中没有 s-TMSI，所以在 MSG5 中携带
up-CIoT-EPS-Optimisation-r13	UE 是否支持 up-CIoT-EPS-Optimisation 优化，用于 S1 接口选择

如果 eNodeB RRCConnectionSetupComplete-NB 消息中没有携带 up-CIoT-EPS-Optimisation-r13 信元，则表明 UE 只支持 CP，不支持 UP。eNodeB 可以选择只支持 CP（或者 CP 和 UP 都支持）的 MME 发送 InitialUeMessage，消息中携带 NAS 等信息。

21.2　UP 传输方案

与 CP 方案相比，UP 方案支持 NB-IoT 业务数据通过建立 E-RAB 承载后在用户面 User Plane 上传输，无线侧支持对信令和业务数据进行加密和完整性保护。

此外，为了降低接入流程的信令开销，满足 UE 低功耗的要求，UP 优化传输支持释放 UE 时，基站和 UE 可以挂起 RRC 连接，在网络侧和 UE 侧仍然保存 UE 的上下文。当 UE 重新接入时，UE 和基站能快速恢复 UE 上下文，不用再经过安全激活和 RRC 重配的流程，减少空口信令交互。

21.2.1　UP 传输方案端到端信令流程

Data over User Plane 的 E2E 的 MO 流程如下。

步骤 1～5：UE 通过随机接入并发起 RRC 连接建立请求与 eNodeB 建立 RRC 连接，UE 是否支持 UP 传输的能力通过在 MSG5 中携带 up-CIoT-EPS-Optimisation 信元通知基站，通过该信息帮助 eNB 选择支持 UP 的 MME。

步骤 6：eNodeB 收到 RRC Connection Setup Complete 后，向 MME 发送 Initial UE message 消息，包含 NAS PDU、eNodeB 的 TAI 信息和 ECGI 信息等。在这一步，MME 还会确定是否使用 SGi 或 SCEF 方式传输数据。

步骤 7：MME 向 eNodeB 发起上下文建立请求，UE 和 MME 的传输模式协商结果通过 S1 消息 INITIAL CONTEXT SETUP REQUEST 中的 UE User Plane CIoT Support Indicator 信元指示。eNB 利用该指示判断是否可以后续触发对该 UE 上下文的挂起，如果核心网没有带 UE User Plane CIoT Support Indicator 信元，eNB 只需支持正常的建立流程，数据传输完成后直接释放连接，不支持后续的用户挂起。

步骤 8～9：激活 PDCP 层安全机制，支持对空口加密和数据完整性保护。

步骤 10～12：建立 NB-IoT DRB 承载，终端能支持 0、1 还是 2 条 DRB 的情况取决于 UE 的能力，该能力通过 UEcapability-NB 信元中的 multipleDRB 指示，NB-IoT DRB 都仅支持 NonGBR 业务，并且没有考虑对 DRB QoS 的支持。

步骤 13：MME 发送 Modify Bearer Request 消息，提供 eNodeB 的下行传输地址给 SGW。SGW 现在可以经过 eNodeB 传输下行数据给 UE。

步骤 14：SGW 在响应消息中给 MME 提供上行传输的 SGW 地址和 TEID，如下图所示。

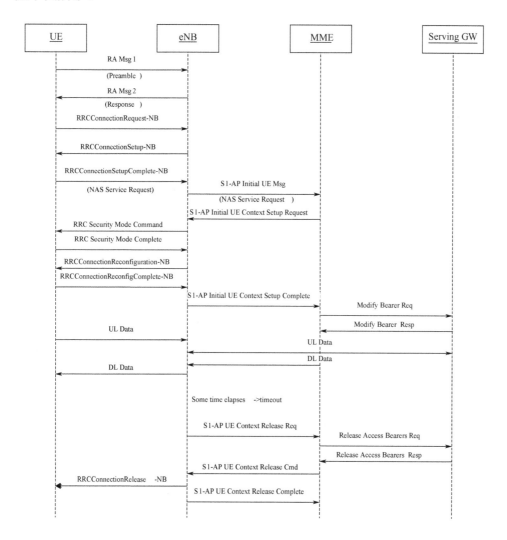

步骤 15～18：UE 通过 eNodeB 将上行数据经 SGW 发送给 PGW，PGW 通过 SGW 将下行数据经 eNodeB 发送给 UE。

步骤 19：如果 UE 持续有一段时间没有活动，则 eNodeB 启动 S1 与 RRC 连接释放或 RRC 连接挂起，eNodeB 向 MME 发送释放请求消息。

步骤 20：MME 发送 Release Access Bearers Request 释放 SGW 上的连接。

步骤 21：SGW 释放连接后，响应 Release Access Bearers Response。

步骤 22：MME 释放 S1 连接，向 eNodeB 发送 S1 UE Context Release Command (Cause) message。

步骤 23：eNodeB 向 UE 发送 RRC 连接释放。

步骤 24：eNodeB 给 MME 回复释放完成。eNodeB 可在消息中携带 Recommended Cells And ENBs，MME 会保存起来，在寻呼时使用。

21.2.2　RRC 挂起流程（Suspend Connection procedure）

RRC 挂起流程，即 Suspend Connection procedure。

考虑到在用户面承载建立/释放过程中的信令开销，对 NB-IoT 小数据包业务来说，显得效率很低。因此 UP 模式增加了一个新的重要流程，RRC 连接挂起和恢复流程。即 UE 在无数据传输时，RRC 连接并不直接释放，而是 eNB 缓存 UE 的 AS 上下行信息，释放 RRC 连接，使 UE 进入了挂起状态（Suspend）。这个过程也称为 AS 上下文缓存，如下图所示。

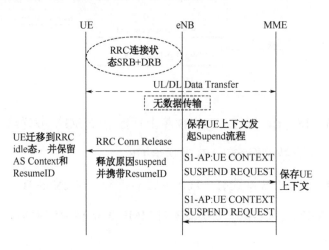

eNodeB 在释放时通知 MME、UE 进行 Suspend，MME 进入 ECM-IDLE，eNodeB 从 RRC-Connected 进入 RRC-Idle，UE 进入 RRC-Idle 和 ECM-Idle 状态。

请注意，虽然 UE 缓存了上下文信息，但是 UE 仍然是进入了 Idle 态的，但是离真正的 Idle 态又有距离，可以说这是 Idle 态的一个子态（Idle-Suspend），我们姑且称之为"藕断丝连"吧。

注意：这里释放的原因为 suspend，且会下发 ResumeID 给用户。ResumeID 是由 eNB 分配的，它低 20bit 是 UE CONTEXT ID，高 20bit 是 eNB ID，在恢复流程中，这个 ID 将发挥非常大的作用。

这三种状态的关系可以通过下图来理解：

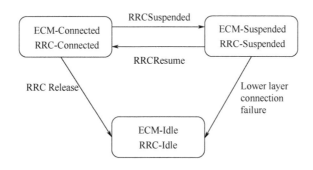

21.2.3　RRC 恢复流程

RRC（Resume Connection procedure）恢复流程如下图所示。

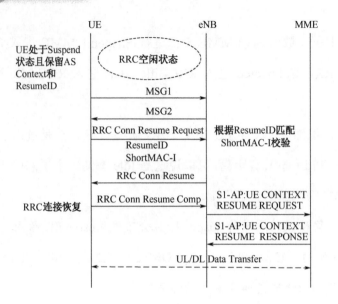

» 用户发起主叫业务时：UE 在 MSG3 时通过 RRC Connection Resume Request 消息通知 eNodeB 退出 RRC-IDLE 状态，eNodeB 激活 MME 进入 ECM-CONNECTED。

» 用户进行被叫业务：RRC 状态唤醒与主叫业务流程一样。

» 当跨小区 Resume 时，eNB 将根据 ResumeID 来查找原小区（ResumeID 低 20bit 是 UE CONTEXT ID，高 20bit 是 eNB ID）。

21.3　CP/UP 方案网络协商流程

CP/UP 方案网络协商流程如下图所示。

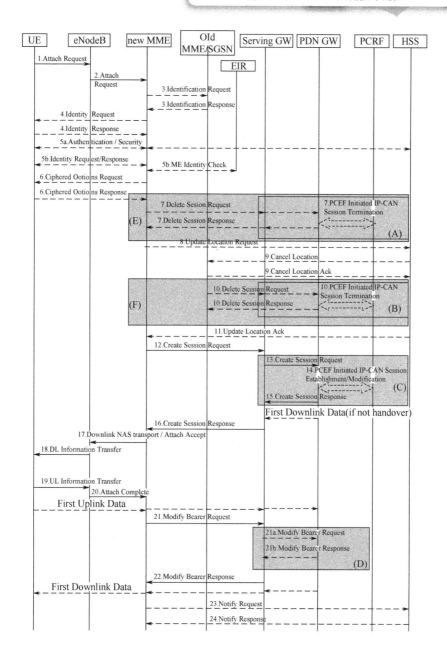

步骤 1：NB-IoT UE 在 Attach Request 消息中携带 Preferred Network behavior 信元，该信元用于表示终端所支持和偏好的 CIoT 优化方案：是否支持 CP 传输、UP 传输和正常 S1-U 传输，是偏向于 CP 传输还是 UP 传输。当

UE 要进行 non-IP 传输时，PDN type 可设置为 non-IP。当 UE 要进行 SMS 传输时，在 Preferred Network behavior 中设置"SMS transfer without Combined Attach"标志。

如果 Attach Request 中没有携带 ESM message container，MME 在 Attach 流程中不会建立 PDN 连接。这种情况下 6、12～16、21～24 不会被执行。

在 NB-IoT RAT 下，UE 不能发起 Emergency Attach。

步骤 2：eNB 根据 RRC 参数中携带的 GUMMEI、selected Network 和 RAT（NB-IoT 或 LTE）等信息选择 MME。

步骤 12：MME 在向 SGW 创建会话上下文时，会将 RAT type (NB-IoT or LTE)传递给 SGW。

步骤 15：在 PGW 返回创建会话响应时，如果 PDN type 是 Non IP，PGW 只能接受或拒绝，不能修改为其他类型。

步骤 17：MME 使用 S1-AP Downlink NAS transport message 发送 Attach Accept 给 eNB，消息中携带有 Supported Network Behaviour，指示它所支持和偏好的 CIoT 优化方案。如果 Attach Request 中没有携带 ESM message container，Attach Accept 消息不会包含 PDN 相关参数。

第 22 讲　NB-IoT 小区选择与重选

22.1　小区选择与重选概述

根据 3GPP R13 协议，NB 支持空闲态同频、异频小区重选、重定向，但是不支持空闲态异系统重选、连接态切换，所以在讨论 NB 的移动性时都只讨论重选，不再谈切换，这将对学习 NB 技术来说是个利好消息，LTE 中 A1～A5、B1～B2 等那些烦心的事件就统统可以抛到九霄云外去了。

NB-IoT 小区选择与重选过程是基于 E-UTRAN 简化而来的。考虑到 NB-IoT 终端的低成本、低移动性及承载的小数据业务特性，NB-IoT 系统不支持如下小区选择与重选相关功能。

> » NB-IoT 不支持紧急呼叫（Emergency call）：因为 NB-IoT 不支持语音业务，所以无须考虑紧急呼叫的支持。

> » NB-IoT 不支持系统间测量与重选：考虑到 NB-IoT 的低成本终端特性，NB-IoT 终端只能承载于 NB-IoT 系统上，不支持与其他系统的互操作，所以不支持系统间的测量与重选。

» NB-IoT 不支持基于优先级的小区重选策略（Priority based reselection)：考虑到 NB-IoT 的低成本终端及低移动性，小区重选功能进行了简化，不再支持基于优先级的小区重选功能。

» NB-IoT 不支持基于小区偏置的小区重选策略（Qoffset)：考虑到 NB-IoT 的低成本终端及低移动性，对小区重选功能进行了简化，小区重选中的偏置只能针对频率来设置，不支持基于小区的重选偏置。

» NB-IoT 不支持基于封闭小区组（CSG）的小区选择与重选过程：因为 NB-IoT 没有 CSG 相关功能需求，所以也不再支持基于 CSG 的小区选择与重选过程。

» NB-IoT 不支持可接受小区（Acceptable cell）和驻留于任何小区（camped on any cell state）的重选状态：由于 NB-IoT 不支持紧急呼叫，所以 NB 系统中处于空闲态模式的 UE，要么处于正常驻留状态（camped normally），要么就处于小区搜索状态（Any cell selection）以找到合适的驻留小区（Suitable cell)的状态，不存在其他小区选择的状态。

除以上列举的情况之外，NB 的 RRC Idle 状态的小区选择和重选过程基本继承了 EUTRAN。下图为 NB-IoT 小区选择和重选的状态迁移图：

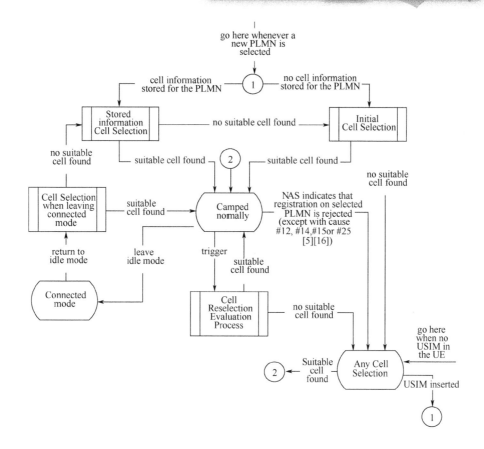

　　当 UE 选择了一个 PLMN 之后，就会在该 PLMN 中选择一个小区驻留。UE 在该小区驻留后，通过监听系统消息，根据邻区测量规则和小区重选规则，对当前小区以及邻区进行测量，选择一个信号质量更好的小区进行驻留。小区选择与重选的相关参数通过系统消息与 RRC Connection Release 消息下发（当前不支持）。对于小区选择可以采用有存储信息辅助的小区选择（Stored Information Cell Selection）和初始小区选择（Initial Cell Selection）两种方式，先采用 Stored Information Cell Selection 选择小区，如果搜索不到合适的小区（Suitable Cell），则启用 Initial Cell Selection 进行小区选择。

　　需要注意的是，这里实际包含了 5 个过程，即小区搜索、PLMN 选择、邻区测量、小区选择、小区重选，这 5 个过程存在一定的顺序关系，又存在相互嵌套

调用。下面将重点讲解这 5 个过程，但是必须注意到的是讲解时虽做了拆分，但是这 5 个过程之间存在相互调用的情况，在学习时要注意其中的逻辑关系。

22.2 小区搜索

小区搜索就是 UE 与小区取得时间和频率同步，得到物理小区标识，进而获得小区信号质量与小区其他信息的过程。

在 NB-IoT 系统中，同步信道专门用于小区搜索，分为主同步信道 NPSS（Narrowband primary synchronization signal）与辅同步信道 NSSS（Narrowband secondary synchronization signal）。这都在物理信道部分详细讲解过。

UE 在同步信道上进行小区搜索的过程如下：

（1）UE 检测主同步信号和辅同步信号，完成帧同步（即小区时间同步）及获取小区 PCI 信息。

（2）UE 检测下行参考信号，获得小区信号质量。

（3）UE 读取 BCH，获得小区其他信息。

注意：小区搜索是 PLMN 选择、小区选择的基础。

22.3 PLMN 选择

当 UE 开机或者从无覆盖的区域进入覆盖区域，首先选择最近一次已注册过的 PLMN（RPLMN）或 EPLMN（Equivalent Public Land Mobile Network）列表中的 PLMN，并尝试在选择的 PLMN 上注册。如果注册成功，则将 PLMN

信息显示出来，开始接受运营商服务。

如果 UE 没有最近一次的 RPLMN 或本次选择的 PLMN 注册不成功，UE 会根据 USIM 卡中关于 PLMN 的优先级信息，可以通过自动或手动的方式继续选择其他 PLMN。

UE 进行 PLMN 选择的流程如下图所示。

注意：PLMN 选择中包含了对小区选择流程的调用，当然也包含了对小区搜索的调用。

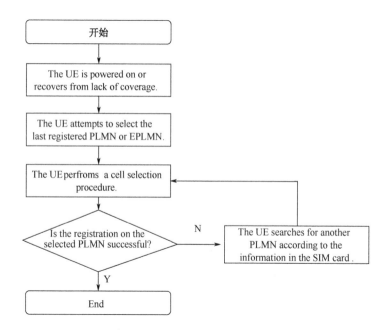

22.4　小区选择

（1）选择的触发

当 UE 从连接态转移到空闲态，或当 UE 选择一个 PLMN 后，都需要进行

小区选择，选择一个小区驻留。

当 UE 从连接态转移到空闲态时，UE 将会选择在连接态中的最后一个小区驻留。若没有满足以上条件的小区，则采用 Stored Information Cell Selection 选择小区，寻找 **Suitable Cell** 驻留。搜索不到 Suitable Cell 时，则启用 Initial Cell Selection 进行小区选择。

» Stored Information Cell Selection：UE 根据保存的载波频点的信息和小区参数，这些信息是通过以前检测到的小区系统消息获得的，这样可以加快小区选择过程。

» Initial Cell Selection：UE 扫描自身能力所支持的带宽内的所有载波频点，搜索 Suitable Cell。在每个载波频点上，UE 仅会搜索信号最强的小区。如果搜索到 Suitable Cell，UE 将会选择驻留在该小区。

（2）选择的规则

在 UE 进行小区选择时，只有当小区满足判决公式 Srxlev＞0 且 Squal＞0，UE 才能选择驻留。其中：

$$Srxlev = Qrxlevmeas - Qrxlevmin - Pcompensation - Qoffsettemp$$

$$Squal = Qqualmeas - Qqualmin - Qoffsettemp$$

公式中涉及的各个参数的含义见下表：

参数名	含义
Qrxlevmeas	测量得到的小区接收信号电平值，即 RSRP
Qrxlevmin	在 SIB1 中广播的小区最低接收电平值
Pcompensation	max(PMax － UE Maximum Output Power，0) - PMax：在 SIB1 中广播的小区允许的 UE 最大发射功率，用在小区上行发射信号过程中 - UE Maximum Output Power：UE 本身的最大射频输出功率能力，非网络配置参数
Qqualmeas	测量得到的小区接收信号质量，即 RSRQ

续表

参数名	含义
Qqualmin	在 SIB1 中广播的小区最低接收信号质量值
Qoffsettemp	在 SIB2 中广播的连接建立失败偏移 connEstFailOffset。只在 RRC 连接建立失败时才会临时使用（当前不支持）

注意：小区选择是小区重选的必要条件，小区选择在前，小区重选在后。往往小区选择并不一定能选择到最好的小区，它仅仅是选择一个 suitableCell，先驻留下来再说。至于驻留到更好的小区问题，则要依赖后续的小区重选来解决。

22.5 邻区测量

UE 在进行小区重选时，根据当前服务小区的信号质量对邻区进行测量。

» 同频小区测量规则

在 SIB3 中下发同频测量门限 s-IntraSearchP，UE 使用 s-IntraSearchP 作为 $S_{\text{IntraSearchP}}$ 的取值。UE 根据当前信号质量 Srxlev 与同频测量门限 $S_{\text{IntraSearchP}}$ 的比较决定是否进行测量，即：

› 当 Srxlev $> S_{\text{IntraSearchP}}$ 时，不对同频邻区测量。

› 当 Srxlev $\leqslant S_{\text{IntraSearchP}}$ 时，进行同频邻区测量。

» 异频小区测量规则

在 SIB3 中下发异频测量门限 s-NonIntraSearch，UE 使用 s-NonIntraSearch 作为 $S_{\text{IntraSearchP}}$ 的取值。UE 根据当前信号质量 Srxlev 与异频测量门限 $S_{\text{nonIntraSearchP}}$ 的比较决定是否进行异频测量，即：

> › 当 Srxlev > $S_{nonIntraSearchP}$ 时，不对异频邻区测量。

> › 当 Srxlev ≤ $S_{nonIntraSearchP}$ 时，进行异频邻区测量。

» 一般来说，同频测量和异频测量之间满足如下的逻辑关系：

注意：邻区测量是小区重选的先决条件，如果没有启动邻区测量，则无法进行后续小区重选的过程。

22.6　小区重选

小区重选指当 UE 在小区驻留后，通过监听系统消息，根据邻区测量规则和小区重选规则，对当前小区以及邻区进行测量和排序，选择一个信号质量更好的小区进行驻留。小区重选的流程如下图所示。

在计算同频邻区的 Srxlev 时，使用 SIB3 中广播的相关参数：

» Qrxlevmin：在 SIB3 中广播的小区最低接收电平值。

» Pmax：在 SIB3 中广播的在邻区中允许的 UE 最大发射功率，用在小区上行发射信号过程中。

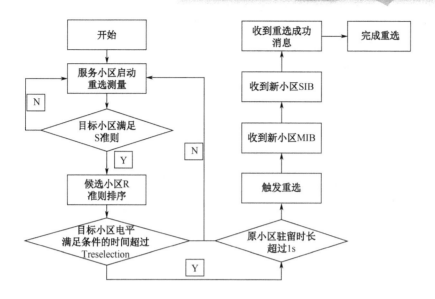

在计算异频邻区的 Srxlev 时，使用的相关参数由 SIB5 中广播。

对服务小区的信号质量等级 R_s 和邻区的信号质量等级 R_n 计算公式如下：

$$R\_s = Q_{meas,s} + Qhyst - Qoffsettemp$$

$$R\_n = Q_{meas,n} - Qoffset - Qoffsettemp$$

公式中涉及的各个参数含义如下表：

参数名	含义
$Q_{meas,s}$	UE 测量的服务小区的 RSRP 值
Qhyst	在 SIB3 中广播的服务小区重选迟滞值
$Q_{meas,n}$	UE 测量的邻区的 RSRP 值
Qoffset	对同频小区，Qoffset 为 SIB4 中广播的 q-OffsetCell，如果 SIB4 中未广播，则 UE 取 q-OffsetCell 为 0；对异频小区，Qoffset 为 SIB5 中广播的 q-OffsetFreq，如果 SIB5 中未广播，则 UE 取 q-OffsetFreq 为 0
Qoffsettemp	当前版本不支持，在空口不下发，UE 默认为 0

只有当某小区 R_n>R_s 时，才会选择该小区，若同时存在多小区满足该测量条件，则根据小区重选规则选择一个 R_n 最高的邻区。

当下列条件都满足时，UE 重选到这个邻区：

» 在小区重选时间内（同频邻区的重选时间在 SIB3 中广播，异频邻区的重选时间在 SIB5 中广播），邻区的信号质量等级一直高于当前服务小区信号质量等级。

» UE 在当前服务小区驻留超过 1s。

需要注意的是，对小区做重选时，UE 还将根据邻区 SIB1 中的 cellAccessRelatedInfo 检查 UE 是否能够接入该小区。如果该小区被禁止，则必须从候选小区清单中排除。如果该小区由于属于禁止漫游 TA，或不属于注册 PLMN 或 EPLMN，而不能成为 Suitable Cell，则 UE 在 300s 内不再考虑重选该小区或与该小区频率相同的小区。

下图为小区重选判决示意图：

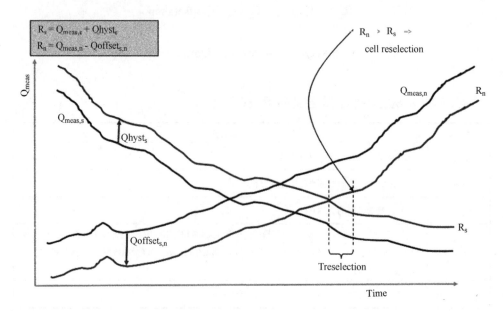

注意：小区选择采用的是 S 准则，判决条件为一个绝对门限，而小区重选采用的是 R 准则，判决的主要条件为相对门限（且还要满足其他比较多的条件，比如迟滞和时间要求）。如果说小区选择解决的是就业的问题（suitable），我们可以将小区重选理解为择业问题（better），这样两者的关系就明了了。

第23讲 NB-IoT 系统消息调度

23.1 系统消息广播概述

小区搜索过程之后，UE 已经与小区取得下行同步（通过 NPSS、NSSS 完成粗同步，通过 NRS 完成精细同步），得到小区的 NPCI 以及检测到系统帧的 timing（包括超帧）。接着，UE 需要获取到小区的系统消息（System Information），这样才能知道以下信息：

> 该小区是否可以驻留?

> 该小区是如何配置的，以便接入该小区并在该小区内正确地工作?

> 该小区有哪些朋友（邻居）?

> ……

概而言之，系统消息将是终端的行为准则，是将基站与终端进行联系起来的纽带，其"江湖地位"非常重要！

系统信息是小区级别的信息，即对接入该小区的所有 UE 生效。NB 中系统消息根据包含的内容分为 1 个 MIB（Master Information Block）与 7 个 SIBs（System Information Block），分别是 SIB1～SIB5、SIB14 和 SIB16。

下表列出了 NB 中系统消息的主要内容和作用，并和 LTE（R8）的系统

信息进行了对比。

系统信息	NB-IoT	Legacy LTE(R8)
MIB	部署方式、SIB1 调度信息、接入禁止使能开关、H-SFN 帧号、无线帧号 SFN 和系统消息标志（SystemInfoValueTag）	下行带宽，PHICH 配置，帧号
SIB1	小区接入与小区选择相关参数，SI 消息调度信息，具体包含超帧号，LTE CFI，下行位图，CRS 功率等，SystemInfoValueTag List，小区接入与小区选择的相关参数，SI 调度列表等	PLMN，TAC，Pmax，SI 窗口，小区选择标准，频段指示，SI 调度列表
SIB2	公共无线资源配置	公共无线资源配置
SIB3	小区 intra-Freq 重选参数	小区 intra-Freq 重选参数
SIB4	intra-Freq 重选邻区，包含同频邻区列表及每个邻区的重选参数、同频黑名单小区列表	intra-Freq 重选邻区
SIB5	inter-Freq 重选参数和频点列表，具体包含异频相邻频点列表以及每个频点的重选参数、异频相邻小区列表以及每个邻区的重选参数、异频黑名单小区列表	inter-Freq 重选参数和频点列表
SIB6,7,8,9,10,11,12	N	略
SIB 14	AB（Access Barring）参数，具体包含接入控制信息，用于禁止部分 UE 接入	—
SIB 16	GPS 和 UTC time	—

23.2　系统消息调度

MIB 与 SIB 之间的调度关系下图所示。

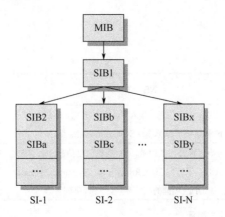

23.2.1 MIB 和 SIB1 的发送

MIB 使用一条独立的 RRC 消息下发，在逻辑信道 BCCH 上发送。BCH 的传输格式是预定义的，所以 UE 无须从网络侧获取信息就可以直接在 BCH 上接收 MIB。MIB 的调度周期固定为 640ms，一个调度周期内重复 8 次，每次传输占用 8 个子帧，在连续 8 个无线帧的 0 号子帧发送。MIB 消息下发如下图所示，更多技术细节见 NPBCH 信道章节：

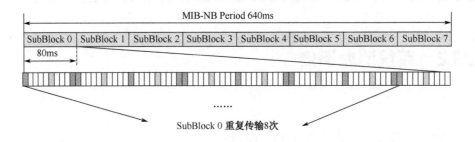

SIB1 使用一条独立的 RRC 消息下发，在逻辑信道 DL-SCH 上发送。SIB1 消息的调度周期为 2560ms，重复次数可配置为 4、8 或 16，由 MIB 中的调度信息下发，每次传输占用 8 个子帧，在连续 16 个无线帧中（假定重复次数为 16），每隔一个无线帧的 4 号子帧上发送，SIB1 消息下发如下图所示，更多

技术细节见 NPDSCH 信道章节：

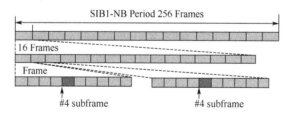

下图为 LTE 和 NB 中的 MIB/SIB1 消息的发送特性对比。

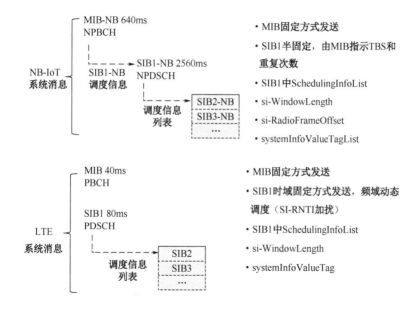

23.2.2 其他 SIB 消息调度

SIB2～5、SIB14、SIB16 使用 SI 消息下发，调度周期可独立配置。调度周期相同的 SIB 可以包含在同一 SI 消息中发送，调度周期不同的 SIB 不能包含在同一 SI 消息中发送。SIB1 中携带所有 SI 的调度信息以及 SIB 到 SI 的映射关系，其中 SIB2 消息位于所有 SI 消息的入口第一个。

SI 消息只能在调度周期的特定时间段发送，这个特定时间段称为 SI window，一个 SI window 中只能多次重复发送一种 SI 消息。窗口长度对所有 SI 消息通用，在 SIB1 中广播，参数名为 si-WindowLength。

以下为 NB 的 SIBs 调度参数：

```
si-WindowLength {ms160, ms320, ms640, ms960, ms1280, ms1600, spare2, spare1}//消息窗口大小
si-RadioFrameOffset {0..15}//相对于LTE新增字段，用来计算SI窗口第一个出现的无线帧，如果没有，则默认为无偏置
SchedulingInfoList-NB-r13 ::= SEQUENCE (SIZE (1..maxSI-Message-NB-r13)) OF SchedulingInfo-NB-r13
SchedulingInfo-NB-r13::=    SEQUENCE {
    si-Periodicity-r13  {rf64, rf128, rf256, rf512, rf1024, rf2048, rf4096, spare},//调度周期
    sib-MappingInfo-r13        SIB-MappingInfo-NB-r13,
    schedulingInfoSI-r13            SEQUENCE {
     si-TBS-r13                   {b56, b120, b208, b256, b328, b440, b552, b680},
        si-RepetitionPattern-r13      {every2ndRF,          every4thRF, every8thRF,  every16thRF} //TBS大小及重复情况
SIB-MappingInfo-NB-r13 ::= SEQUENCE (SIZE (0..maxSIB-1-NB-r13)) OF SIB-Type-NB-r13
SIB-Type-NB-r13 ::=     {sibType3-NB-r13,        sibType4-NB-r13, sibType5-NB-r13,
              sibType14-NB-r13, sibType16-NB-r13,spare3, spare2, spare1}//哪些SIBs被映射到此SI中
```

23.2.3 SI 窗口开始 SFN 计算方法及调度示例

» x = (n – 1)*w，n 表示 SI 序号，从 1 开始，w 是 SI window 长度；

» SFN mod T = FLOOR(x/10)+si_RadioFrameOffset；

» T 是对应 SI n 的周期，固定从子帧#0 开始；

» UE 从 SI window 起始位置开始接收和累积 SI 消息，直到成功解码/窗口结束；

» 跳过 NPSS/NSSS/MIB-NB/SIB1-NB，downlinkBitmap 的 invalid 子帧；

» 仅接收 si-RepetitionPattern 中的帧；

» 在 2/8 个连续下行 Valid 子帧上发送。

- $x = (n-1) * w$
- SFN mod T = FLOOR $(x/10)$ +si_RadioFrameOffset；
- SI 窗口长度320ms
- Si-RadioFrameOffset=2

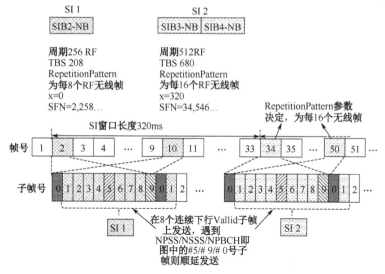

23.3　系统消息更新

在 UE 开机选择小区驻留、重选小区或者从非覆盖区返回覆盖区时，UE 会主动读取系统消息。系统消息按照一定周期更新，SI 修改周期 modification

period 满足如下公式：

$$N = modificationPeriodCoeff(4,8,16,32)*defaultPagingCycle$$

其中，modificationPeriodCoeff(4,8,16,32)为配置值，defaultPagingCycle 为寻呼周期，由上可见，系统消息修改周期是寻呼周期的整数倍。

当 UE 正确获取了系统消息后，不会反复读取系统消息，尤其是 RRC_Connected 状态下，UE 不需要获取系统消息。在如下场景 UE 会重新读取并更新系统消息：

» 收到 eNodeB 寻呼消息指示系统消息变化。

» 距离上次正确接收系统消息超过了 24 小时（LTE 是 3 小时，有利于 UE 省电）。

注意：为了省电，在连接态下 UE 不用读取系统消息，当寻呼消息发生变化时，eNB 直接通过 NPDCCH DCI format N2 的 direct indication 功能来通知 UE 更新系统消息。

当 UE 收到寻呼消息指示系统消息变化时，不会立即更新系统消息，而是在系统消息的下一个修改周期接收。系统消息修改周期的起点为 SFN MOD N = 0 的无线帧。在第 N 个修改周期中，当寻呼周期到达时，eNodeB 在寻呼消息中指示小区内所有空闲态 UE 系统消息内容发生变化。在第 N+1 个修改周期到来时，eNodeB 下发更新的系统消息，如下图所示。

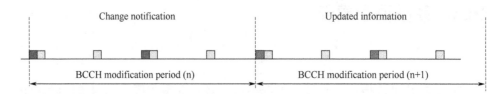

系统消息变化时(SIB14、SIB16 除外)，eNodeB 将修改 MIB 中的 systemInfoValueTag 值和 SIB1 中的 systemInfoValueTagSI 值。UE 读取此参数和上次的值进行比较，如果变化则认为该 SI 系统消息内容改变，否则认为系统消息没有改变（当然，NB 的 UE 在距离上次正确读取系统消息 24 小时后会重选读取系统消息，这时无论 systemInfoValueTag 和 systemInfoValueTagSI 是否变化，UE 都会读取全部的系统消息）。

这里提一个问题：为什么有了 paging 消息通知系统消息发生变更的机制外，还要有 systemInfoValueTag 的系统消息更新机制呢？

我们举一个场景：例如从小区覆盖之外回到小区覆盖的范围内，正好错过了更新通知的 paging 呢？这时终端就可以通过 systemInfoValueTag(0-31)来对系统消息进行校验，从而决定是否要进行更新了。因此这两种机制是不冲突的。这么设计的原因是系统消息很重要，要加双保险。

实际上，还可以进一步扩展想，系统消息超过了 24 小时后必定更新，这又何尝不是一种更彻底的"托底"机制呢？

第 24 讲　NB-IoT 寻呼原理与 eDRX

24.1　关于省电的故事的续集

还记得，在 NB 的小功耗章节中我们讲过省电的一些故事，不妨简要回顾一下：

在现网任何一个移动通信系统中，终端不太可能无时无刻都在工作。这就像人不能时时刻刻上班，需要间隔休息一样，系统设计了一套叫做 DRX 的机制使得终端可以休息。在休息的过程中，因为关闭了收发信机（Tx/Rx），从而达到了节电的目的。

DRX（Discontinuous Reception），又称不连续接收，它实际上包含了空闲态的 DRX 和连接态的 DRX。DRX 的主要思想有两个：

（1）通过设计一套定时器，使得终端和网络具有严格的时间同步，以防出现终端在"睡觉"，但网络不断地在"唤醒你"。

（2）终端侧与网络侧设计一套沟通机制，方便终端与网络商量自己是不是可以去睡觉了、什么时候去睡觉。

在之前的章节，主要讲解了终端如何"睡得舒服"（省电），本章主要讲

解终端何时"醒来"的问题（寻呼 paging 机制）。针对 NB-IoT 来说，为了进一步省电，系统引入了 PSM 和 eDRX 特性，所以本章还将针对 eDRX 情况下的寻呼机制进行讲解。至于 PSM，因为它是 UE 和核心网的相关特性，对基站是透明的，所以本讲不做介绍。

24.2　寻呼原理

24.2.1　寻呼的触发

寻呼是为了发送寻呼消息给某空闲态的 UE，或者系统消息变更时通知所有空闲态的 UE。寻呼消息根据使用场景既可以由 MME 触发，也可以由 eNodeB 触发。两者触发源虽然不一样，但在空口的寻呼机制是一样的。

» **MME 触发**：MME 发送寻呼消息时，eNodeB 根据寻呼消息中携带的推荐小区或者 UE 的 TAL 信息，通过逻辑信道 PCCH 向推荐小区或者 TAL 下所有小区向 UE 发送寻呼消息。空口寻呼消息中包含 UE 标识，可以是 S-TMSI 或者 IMSI，两者选其一。IMSI 是一个不超过 15 位的十进制数的标识，主要由手机国家编码（MCC 2 字节）、手机网络编码(MNC 2 字节)和手机用户标识号（MSIN 4 字节）三部分组成，不超过 8 字节；S-TMSI 由 MME 编码(MMEC 8bits)和 M-TMSI (32bits) 组成，因此它的长度为 5 字节。从容量角度来考虑的话，S-TMSI 比 IMSI 寻呼效率更高。实际上，LTE 现网中大量采用的即为 S-TMSI 寻呼。

» **eNodeB 触发**：系统消息变更时，eNodeB 通过寻呼消息或 NPDCCH

消息（DCI 格式 N2）通知小区内所有空闲态的 UE，并在紧随下一个系统消息修改周期中发送更新的系统消息。eNodeB 要保证小区内的所有空闲态的 UE 能收到系统消息，也就是 eNodeB 要在 DRX 周期下所有可能时机发送寻呼消息或 NPDCCH 消息。

24.2.2 空口寻呼机制

空闲状态下，UE 以 DRX（Discontinuous Reception）方式接收寻呼信息以节省耗电量。寻呼信息的 NPDCCH 控制信息在空口出现的起始位置是固定的，以寻呼帧 PF（Paging Frame）和寻呼时刻 PO（Paging Occasion）来表示。如下图所示，一个寻呼帧 PF 是一个无线帧，可以包含一个或多个 PO。寻呼时刻 PO 是寻呼帧中的一个下行子帧。由 PO 开始传输寻呼消息的 NPDCCH 信息，由 P-RNTI（Paging Radio Network Temporary Identity）加扰。P-RNTI 在协议中被定义为固定值。UE 根据 P-RNTI 读取 NPDCCH 控制信息，如果有寻呼消息下发，再从 DCI 指示的 NPDSCH 上读取寻呼消息内容。

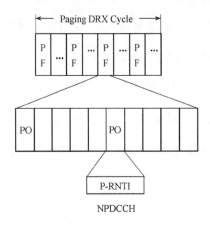

当寻呼消息的 NPDCCH 信息的重复次数等于 1，且信号质量较好时，只占用 1 个有效子帧。其他情况下，可占用多个有效子帧。

PF 的帧号和 PO 的子帧号可通过 UE 的 IMSI、DRX 周期以及 DRX 周期内 PO 的个数来计算得出。帧号信息在 UE 的 DRX 参数相关的系统信息中传递，当这些 DRX 参数变化时，PF 和 PO 的帧号也随之更新。PF 的帧号 SFN 计算公式：

$$SFN \bmod T = (T \operatorname{div} N) * (UE\_ID \bmod N)$$

PO 的子帧号由下表确定，表格中的 i_s 的计算公式：i_s = floor(UE_ID/N) mod N_S，其中 floor(UE_ID/N)表示对(UE_ID/N)的商进行向下取整。使用索引 i_s 查下面的 PO 子帧号对应表，可得到 PO。

Ns	PO when i_s=0	PO when i_s=1	PO when i_s=2	PO when i_s=3
1	9	N/A	N/A	N/A
2	4	9	N/A	N/A
4	0	4	5	9

备注：此表与 FDD-LTE 一样，但是与 TDD 不一样。

寻呼计算公式中用到的参数解释见下表。

参数	说明
T	T 为 DRX 周期， TDRX 越大，UE 越省电，eNodeB 在 SIB2 中广播的 defaultPagingCycle - LTE 取值范围{rf32, rf64, rf128, rf256} - NBIoT 取值范围{rf128, rf256, rf512, rf1024}
nB	nB 为 DRX 周期内 PO 的个数 nB 根据小区寻呼量需求配置；nB 越大，小区寻呼能力越大 - LTE 取值范围{4T, 2T, T, T/2, T/4, T/8, …, T/32} - NB-IoT 取值范围 {4T, 2T, …, T/32, T/256,…T/1024}

续表

参数	说明
N	N 为 DRX 周期内 PF 的个数 计算公式：N=min（T，nB）
Ns	Ns 为 PF 上 PO 的个数 计算公式：Ns=max（1，nB/T）
UE_ID	UE_ID 用于计算 PF 和 PO － LTE 计算公式：UE_ID = IMSI mod1024 － NB-IoT 计算公式： ■ UE_ID = IMSI mod4096（MME 触发的寻呼，UE_ID 对应为 S1 接口 paging 消息中的信元 UE Identity Index Value。） ■ 当 UE 没有携带 IMSI，**UE_ID=0**（eNodeB 触发的寻呼，没有 UE_ID，UE 使用默认 UE_ID=0）

24.2.3 寻呼处理过程

如果 eNodeB 需要更新系统消息，则从下一个 PO 开始，在每个 PO 上生成一个系统消息变更通知的 NPDCCH 消息（DCI 格式 N2，设置 Flag=0）；如果 eNodeB 需要发送特定 UE 的寻呼，则 eNodeB 计算 UE 的最近一个 PO，生成一个寻呼消息，并填写 PagingRecord，如果这个 PO 上已经有其他 UE 的 Paging Record 或者系统消息变更通知的 PDCCH 消息，则进行合并再发送。合并后的寻呼消息中包含多个 UE 的 Paging Record，或者同时携带系统消息变更指示，不再单独下发系统消息变更通知的 NPDCCH 消息。

UE 使用空闲模式 DRX 来降低功耗。在每个 DRX 周期，UE 只会在自己的 PO 去读取 NPDCCH 信息。而不同的 UE，可能会有相同的 PO。RRC_IDLE 状态的 UE 在每个 DRX 周期内的 PO 子帧打开接收机侦听 NPDCCH，UE 解析出属于自己的寻呼时，UE 向 MME 返回的寻呼响应将在 NAS 层产生。UE 响应 MME 的寻呼体现在 RRC Connection Request 消息信元 Establishment Cause 值为 mt-Access。

当 UE 未从 NPDCCH 解析出 P-RNTI，或者 UE 解析出了 P-RNTI，但未发现属于自己的 Paging Record 时，则 UE 立即关闭接收机，进入 DRX 休眠期以节省耗电。

24.2.4　寻呼实际计算示例

寻呼 DRX 周期 T(单位：无线帧)	设定=512
广播寻呼组计数 nB 的选择,单位 nB/T	设定= T/2
寻呼组计数 N	MIN(T,nB)= 256
子帧寻呼组计数 Ns	MAX(1,nB/T)= 1
UE_ID	IMSI mod 4096=193
PF（寻呼帧），即无线帧的确定	SFN mof T=(T div N)*(UE ID mod N) =386、898……
i_s	floor(UE ID/N)mod Ns=0
PO(寻呼机会)，即子帧的确定	通过 Ns 和 i_s 查表可知，子帧号为 9

PF 和 PO 示意如下图所示：

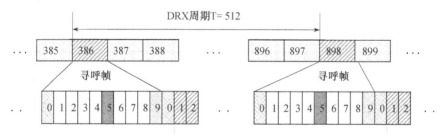

计算示例
假定：$T = 512$, $nB = T/2$, $UE\_ID = 193$
$N = MIN(T,nB) = 256$
$N\_S = MAX(1, nb/T) = 1$
　$SFN \bmod T = (T \operatorname{div} N) * (UE_{ID} \bmod N)$, $PF = 386,898...$
$PO = 9$

注意：这里提一个问题：为什么 PO 计算和查表出来是 9，但是 NPDCCH

CSS for paging 却在下一个帧的#1 号子帧才开始发？吴老师的理解是因为 386 号无线帧为偶数帧，此处要发 NSSS，下一个帧的子帧 0 又正好是用来发 NPBCH，所以只能顺延到下一个帧的#1 号子帧发。

24.3　eDRX 寻呼

寻呼过程同样支持 eDRX 机制。

24.3.1　eDRX 协商和寻呼流程

若 UE 需要节省功耗并且对被叫业务时延有一定要求，则可以和核心网协商使用空闲态 eDRX（Extended Discontinuous Reception）的方式间歇性接收寻呼消息（而不是采用 PSM），eDRX 协商和寻呼的信令交互流程如下图所示。

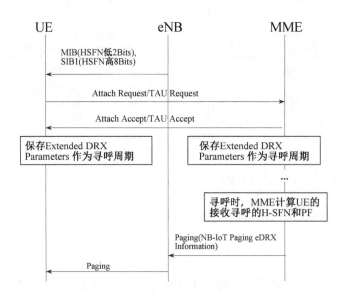

（1）eNodeB 在 MIB 和 SIB1 广播 Hyper-SFN 超帧号（eDRX 周期的单位，长度为 10.24s，简称 H-SFN），UE 获取超帧号。

（2）UE 根据自身能力决定使用 DRX 还是 eDRX，当 UE 使用 eDRX 时，UE 在 Attach Request/TAU Request 中携带 eDRX 周期长度，发送给 MME。

（3）若 MME 接受 UE 的 eDRX 请求，根据本地策略可给 UE 配置不同的 eDRX 周期和 PTW 寻呼时间窗口长度，在 Attach Accept/TAU Accept 中发送给 UE。如果 MME 拒绝 UE 的 eDRX 请求，UE 将使用传统的 DRX 寻呼机制。

（4）UE 和 MME 保存协商的 Extended DRX Parameters 作为寻呼周期。

（5）当 MME 有寻呼消息下发时，MME 根据与 UE 协商的 eDRX 周期计算出 UE 接收寻呼的超帧 Hyper-SFN 和寻呼帧 PF。

（6）在 UE 的寻呼帧时间到达之前，将寻呼消息下发给 eNodeB。

（7）eNodeB 接收到寻呼消息后，根据消息中包含的 eDRX 周期计算出超帧 H-SFN 和寻呼帧 PH 的时间，根据基站配置的寻呼周期计算出 UE 接收寻呼的时间（寻呼机会 PO），然后在此时间将寻呼消息下发给 UE。

UE 使用和 eNodeB 相同的方法，计算出寻呼消息的下发时间，在此时间内监听并接收寻呼消息。

24.3.2　eDRX 寻呼机制

在 eDRX 寻呼周期中，UE 长时间处于休眠状态，只在 PTW 寻呼时间窗口内唤醒，按普通寻呼方式监听寻呼消息。eDRX 寻呼周期比普通寻呼周期大很多，以超帧（Hyper-SFN，1Hyper-SFN=1024SFN）为单位，取值范围为{10.24s *2^i}，i 的取值范围为 1～10，最长可达 2.92h。PTW 长度为 2.56s 的整数倍，

最长为 16 个 2.56s, 即 40.96s。eDRX 参数如下表:

参数	说明/公式	取值范围	单位
$T_{eDRX, H}$	eDRX 寻呼周期, 网络侧下发	{2,4,8,⋯..1024}	H-SFN
L	PTW (Paging Transmission Windows) 寻呼发送窗口	{0, 2.56, 5.12, 7.68, 10.24, 12.8, 15.36, 17.92, 20.48, 23.04, 25.6, 28.16, 30.72, 33.28, 35.84, 40.96}	s

eNode 端/UE 端根据和 MME 协商的 eDRX 周期 $T_{eDRX, H}$ 和寻呼窗口长度 L, 计算 PTW 的起始位置和结束位置, 并在该时间段内下发/监听寻呼消息, 计算公式如下表:

参数	计算公式
寻呼超帧 PH	H-SFN mod TeDRX=(UE_ID mod T_{eDRX})
ieDRX	ieDRX=floor(UE_ID/ T_{eDRX})mod4
PTW_start	256*ieDRX
PTW_end	(PTW_start+L*100-1) mod 1024

eDRX UE 在 PTW 内监听寻呼的机制与 DRX 相同, 采用寻呼无线帧 PF 和寻呼时刻 PO 的方式监听寻呼消息, PF 和 PO 的计算方式与 DRX 相同。

假设 $T_{eDRX, H}$=8, L=5.12s, 其他条件与上一讲节中保持不变, 则计算结果如下表:

TeDRX, H	设定=8
窗口长度 L	设定 5.12s
寻呼超帧 PH	H-SFN mod TeDRX=(UE_ID mod TeDRX)=193 mod 8=1
ieDRX	ieDRX=floor(UE_ID/ TeDRX)mod4=0
PTW_start	256*ieDRX=0
PTW_end	(PTW_start+L*100-1) mod 1024=511
寻呼 DRX 周期 T(单位: 无线帧)	设定=512
广播寻呼组计数 nB 的选择,单位 nB/T	设定= T/2
寻呼组计数 N	MIN(T,nB)= 256

续表

子帧寻呼组计数 Ns	MAX(1,nB/T)= 1
UE_ID	IMSI mod 4096=193
PF（寻呼帧），即无线帧的确定	SFN mof T=(T div N)*(UE ID mod N) =386、898……
i_s	floor(UE ID/N)mod Ns=0
PO(寻呼机会)，即子帧的确定	通过 Ns 和 i_s 查表可知，子帧号为9

示意图如下：

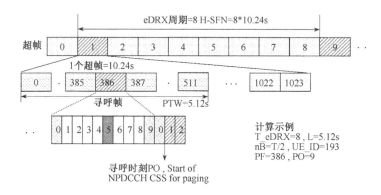

寻呼时刻PO , Start of
NPDCCH CSS for paging

计算示例
T_eDRX=8 , L=5.12s
nB=T/2 , UE_ID=193
PF=386 , PO=9

第25讲 NB-IoT 随机接入过程

随机接入是 UE 与网络通信前，由 UE 向 eNodeB 请求接入，收到 eNodeB 的响应并由 eNodeB 分配随机接入信道资源的过程。随机接入的目的主要有两个：

（1）建立和网络的上行同步关系（下行同步在小区搜索时即已经完成）。

（2）请求网络给 UE 分配专用资源，以进行正常的业务传输。

NB-IoT 终端在如下场景下需要发起随机接入：

» 空闲态初始接入或响应寻呼

» 连接态场景下下行数据到达，但 UE 上行失步

» 连接态场景下上行数据到达但无 UL grant

注意：上行数据到达但无 UL grant 这个场景与 LTE 存在本质的区别，LTE 通过 PUCCH 发送调度请求 SR，但是 NB 中因为取消了 PUCCH 信道，因此只能通过 NPRACH 信道发送数据调度请求。

下表为 NB 和 LTE 对于随机接入场景的对比：

随机接入触发场景	NB-IoT		Legacy LTE(R8)
	CP 优化方案	UP 优化方案	
在 RRC_IDLE 状态下初始接入	Y	Y	Y
RRC 重建	N	Y	Y
上行数据到达（上行失步或者调度请求）	Y	Y	Y

续表

随机接入触发场景	NB-IoT		Legacy LTE(R8)
	CP 优化方案	UP 优化方案	
下行数据到达（上行失步）	Y	Y	Y
切换	N	N	Y
定位	N	N	Y

对于随机接入类型，我们知道 LTE 支持基于竞争（Contention based）和非竞争的随机接入（Non-Contention based），而当前 NB 仅支持基于竞争的随机接入。

25.1　NB 和 LTE PRACH 信道特性对比

关于 NPRACH 信道特性，具体细节详见 NB-IoT 上行随机接入信道 NPRACH 讲解部分，下面仅通过对 NB 和 LTE 的 PRACH 信道进行对比，进行简要回顾。

	NB-IoT NPRACH	Legacy LTE R8 PRACH
频域	3.75kHz 子载波间隔 1 个 PRACH Band 45kHz， 最多配置 4 个 band Offset 可配置	1.25kHz 子载波间隔 6 个 RB，使用了 839 个子载波 Offset 可配置
时域	CP+5 Symbols 为一个 Symbol group 时域上 4 个 Symbol groups 为一个信道 支持两种 CP 长度	FDD 有四种格式，对应不同 CP，Sequence 和 Guard 长度。 通过 PRACH Index 配置出现周期和 Format
Preamble Sequence	常数序列，不同 Symbol group 上不变	长度为 839 的 ZC 序列，由根索引和循环移位根据规则生成
信道数量	根据频域和时域配置确定	一个小区 64 个 Preamble
复用方式	不同 UE 通过 FDM/TDM 复用，不支持 Preamble 复用	相同时频资源，不同 Preamble 码分复用

25.2 覆盖等级简介

NB 中没有设计动态链路自适应方案，而是通过预定义一定数量的覆盖等级（coverage enhancement levels），实现半静态链路自适应。NB 系统支持配置最多 3 个覆盖等级（小区最多下发 2 个 RSRP 值的门限），对应不同的覆盖范围，也称为 CEL 0、CEL 1、CEL 2，如下图所示。

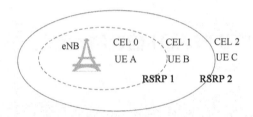

NB 将小区覆盖区域按不同的 MCL（最大耦合路损=发射功率−接收功率）划分为多个覆盖等级，用于表征路损大小及覆盖深度或广度。针对不同覆盖等级，系统可以配置不同的随机接入参数，包括{重复次数, 周期, 起始时间, 子载波数量, 频域位置, Msg3 MT 指示}等。终端根据下行信道的接收质量，评估应使用的覆盖等级，并在相应的随机接入信道发送 Preamble，从而使基站隐式获知 UE 所处的覆盖等级，进行相应调度。当终端在当前的 CEL 下 Random Access 失败后，NB-IoT UE 会在更高一个 CEL 的 NPRACH 资源重新进行 Random Access 程序。

25.3　基于竞争的随机接入流程解析

基于竞争的随机接入的整体流程如下图所示。

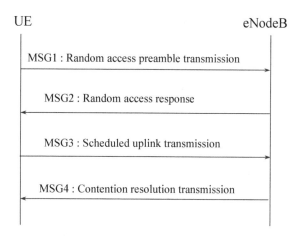

1）MSG1：UE 发送随机接入请求

UE 通过 SIB2 获取 NPRACH 相关配置信息，根据 RSRP 测量结果和 SIB2 中携带的 RSRP 测量门限对比选择对应的覆盖等级，在相应覆盖等级对应的时频域 PRACH 资源段内通过随机的方式在某个时频域位置上向 eNodeB 发起随机接入请求。下图为 NB 和 LTE 在 SIB2 中 PRACH 消息内容和 prach 资源上的细节对比：

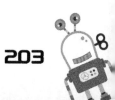

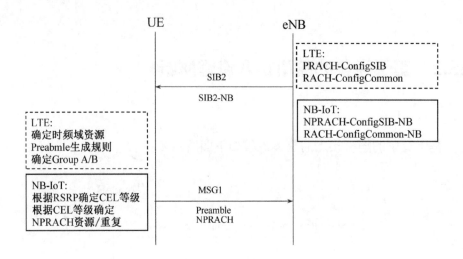

2）MSG2：eNodeB 发送 RA 响应

eNB 收到 UE 的前导后，申请分配 Temporary C-RNTI 并进行上下行调度资源申请。eNB 在 DL-SCH 上发送 RA 响应，携带的信息有：RA-preamble identifier，Timing Alignment information，UL grant，Temporary C-RNTI，RAR格式见下图：

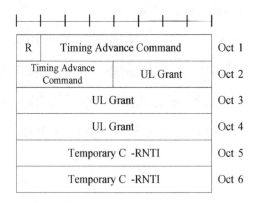

NB-IoT RAR 格式和 LTE 一样，在一条 DL-SCH 上可以同时为多个 UE 发送 RA 响应。

UE 发送前导后在 RA 滑窗内不断监听 NPDCCH 信道，直到获取所需的

RA 响应为止。

> » 如果RA响应包含一个与UE先前发送一致的RA-preamble identifier，则 UE 认为响应成功，将进行上行调度传输。

> » 如果在 RA 滑窗中 UE 始终没有收到响应信息，或接收的响应信息验证失败，则 UE 认为接收响应失败。响应失败后，如果 UE 的 RA 尝试次数小于最大尝试次数，则重新进行一次 RA 尝试，否则 RA 流程失败。UE 的 RA 最大尝试次数从 SIB2 中获取。

> » 滑窗的示意图如下（与 LTE 类似）：

> » UE 解码 RAR 消息用的 RNTI 为 RA-RNTI，其计算方法与 LTE 有比较大的区别：

$$LTE：RA - RNTI = 1 + t\_id + 10*f\_id$$

NB-IoT：RA - RNTI = 1 + SFN_id/4 （SFN_id 是 NPRACH 资源起始的第一个无线帧号）

> » 以下为 LTE 与 NB 在 MSG2 的一些差别：

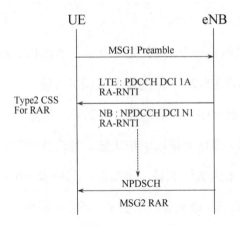

3）MSG3：UE 进行上行调度传输

UE 使用 MSG2 中分配的 UL Grant 资源发送 MSG3，同时 UE 启动冲突检测定时器 mac-ContentionResolutionTimer。

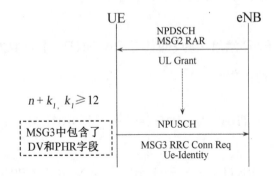

传输资源由 RAR 中 UL grant 字段指定，见下表。

字段	取值范围
UL Subcarrier Spacing	0～3.75k，1～15k
Subcarrier indication	6bits（和 DCI N0 中的 UL Grant 一致）
MCS/TBS	3bits（特殊的 MCS 和 TBS 表）
Scheduling delay	2bits（和 DCI N0 中的 Delay 一致）
MSG3 Repetition Number	3bits（和 DCI N0 中的 Repetition 一致）
Total number of bits	15bits（+5 bits padding）

不同的 RA 场景，MSG3 传输的信令以及携带的信息有所不同。具体如下：

» 初始 RRC 连接建立：通过 CCCH 传输 RRC CONNECTION REQUEST，携带 RRC 连接建立原因（mt-Access, mo-Signalling, mo-Data, mo-Exception-Data），并带有 NAS UE_ID，另外还会携带 DVI 和 PHR 合一的 MAC CE，用于申请上行数据发送资源。

» 其他情况：至少传送 UE 的 C-RNTI。

Data Volume and Power Headroom Report（DPR）MAC CE 的格式如下：

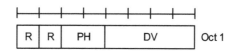

4）MSG4：eNodeB 进行竞争决议

UE 在发送了 Msg3 后，启动竞争决议定时器，竞争决议定时器的长度从 SIB2 获取。eNodeB 在 MAC 层进行竞争决议，并通过在 NPDCCH 上使用 C-RNTI 或者在 DL-SCH 上通过 UE Contention Resolution Identity 指示 UE。

在竞争决议定时器超时前，UE 一直监控 NPDCCH 信道，若同时存在以下两种情况，则 UE 认为竞争决议成功，并通知上层，断开定时器：

» 在 NPDCCH 监听到 C-RNTI。

» 上行消息中含有 CCCH 上传输消息且在 NPDCCH 上监听到 Temporary C-RNTI，并且 MAC PDU 解码成功。

竞争决议成功的话，则表示基于竞争的 RA 流程结束。如果竞争决议定时器超时，UE 将认为此次竞争决议失败。失败后，如果 UE 的 RA 尝试次数小于最大尝试次数，重新进行一次 RA 尝试，否则本次 RA 流程失败。

注意：无论是初始发送 NPRACH 还是重发，这其中都嵌套了一个非常重要的过程：功率控制，这将在后续内容中专门讲述。

25.4　SIB2 中 NPRACH 解码

以下用华为 probe 软件工具，对现网与随机接入相关的 SIB2 进行解码，详见图中注释。

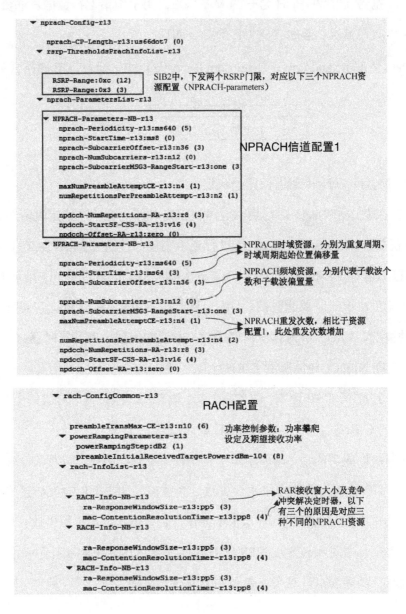

第 26 讲 NB-IoT 功率控制

我们先来明确一个概念，LTE 中经常说"下行功率分配，上行功率控制"的含义。

» 功率分配：指的是各个信道发射功率提前配置好，一旦配置好，则发射功率恒定不变，除非配置值进行了调整。它讲究的是静态，一般指的是基站的下行。

» 功率控制：指的是配置了一定的规则后，终端的发射功率随着距离、干扰等因素不断进行实时调整。它讲究的是动态平衡，一般指的是终端的上行。

这两者有非常大的区别。与 LTE 相同，NB-IoT 中上下行仍然采用的是下行功率分配和上行功率控制这两个基本原则，只是在运行细节上有比较大的区别，尤其是上行。

26.1 下行功率分配

NB-IoT 下行功率控制采用固定功率分配，不同信道时分复用。下行功率可由 NRS 功率配置得到，它用以进行下行信道估计，数据解调。NRS 功率的大小通过 EPRE（Energy Per Resource Element）表征。eNodeB 通过下行功率

分配确定每个 RE 上的下行发射能量 EPRE。

具体来讲，在一个 NB-loT 小区内，UE 可以认为下行 NRS 的 EPRE 在 NB-loT 下行系统带宽以及所有包含 NRS 的子帧范围内是恒定的，直到 UE 接收到不同的 NRS 功率信息。其中，下行 NRS 的 EPRE 可以根据高层参数 nrs-Power 指示的 NRS 发射功率得到，这里 NRS 发射功率定义为 NB-loT 系统带宽内所有携带 NRS 的 RE 上的功率贡献（单位为 W）的线性平均。

进一步，由于下行信道每个 RE 上的发射能量相同，有利于下行解调接收，所以，当 NRS 天线端口为 1 时，UE 可以认为 NPBCH、NPDCCH、NPDSCH 的 EPRE 与 NRS EPRE 之比均为 0dB；当 NRS 天线端口数为 2 时，UE 可以认为 NRS EPRE 与 NPBCH、NPDCCH、NPDSCH 的 EPRE 之比均为 3dB。

另外，当 NB-IoT 小区使用 In-band 部署方式，并且 LTE CRS 天线端口数与 NRS 天线端口数相同时，LTE CRS 可以用于 NB-loT 下行测量和解调。需要考虑的问题是，是否要将 LTE CRS 相对于 NRS 的功率差异通知给 NB-loT UE。如果 LTE CRS 用于 RSRP 和 RSRQ 测量，则有必要获取该功率差异信息；如果 LTE CRS 用于数据解调，获取该功率差异信息有利于提升解调性能。因此，NB-loI 协议支持 NB-IoT UE 使用 LTE CRS 和 NRS 进行下行测量和解调，并支持在 SIB 1 中指示 NRS 与 LTE CRS 之间的功率差异（nrs-CRS-Power Offset），如果 SIB 1 没有指示该功率差异，UE 可以认为 NRS 和 LTE CRS 的 EPRE 相同。

由于 LTE 系统 PDSCH EPRE 与 CRS EPRE 之比 PA 的取值包括：{-6, -4.77, -3, -1.77, 0, 1,2, 3} dB，也就是说 LTE CRS 与 PDSCH 之间的功率差异的取值包括{6, 4.77, 3, 1.77, 0, -1,-2, -3} dB。考虑 NB-loT 相对于 LTE 的功率提升（power boosting）有 0db、3dB 和 6dB 这三种情形，那么，如下表所示，NRS

与 LTE CRS 之间功率差异的取值包括：{-6,-4.77,-3,-1.77,0, 1, 1.23,2,3,4,4.23,5,6,7,8, 9} dB。

LTE CRS 与 PDSCH 之间的功率差异（db）		-3	-2	-1	0	1.77	3	4.77	6
NB-IoT 相对于 LTE 的 power boosting（db）	0	3	2	1	0	-1.77	-3	-4.77	-6
	3	6	5	4	3	1.23	0	-1.77	-3
	6	9	8	7	6	4.23	3	1.23	0

26.2 上行功率控制

首先，咱们提出第一个问题，上行功率控制的目的是什么？

一般说来，终端进行上行功控主要有两大作用：

（1）降低终端功耗：可以达到省电的目的。

（2）减小系统干扰：终端到达基站的功率在合理范围，既能满足解调要求，又能不抬升底噪，也能减小对邻基站的干扰。此外，通过功控也克服了远近效应，使得远处的终端功率不至于被近处的终端所淹没。

再提出第二个问题，上行功控分哪几种？

» 对于终端来说：上行功控分为开环和闭环两种；

» 对于基站来说：上行功控分为内环和外环两种。

再提出第三个问题，NB-IoT 中支持哪些功控？

» 因为上行连 CSI（如 CQI）都不反馈了，也就不存在采用外环来对内环进行修正的必要了。

» 又因为考虑到实时性要求、无 CQI 反馈、实现难度等因素，协议上行仅支持开环功率控制。

注意：NB 中的功率控制仅有开环，比 LTE 要容易很多。各位同学有没有那么一丝的惊喜呢？

26.2.1　NPRACH 功率控制

26.2.1.1　NPRACH 功控方案

NB-IoT UE 进行随机接入时，根据配置的 PRACH 重复次数发送 Preamble。这里指的 NPRACH 实际也就等同于 MSG1，也等同于 Preamble。协议定义 PRACH 重复次数支持 8 种配置：{1,2,4,8,16,32,64,128}，eNB 最多可以配置 3 种 PRACH 重复次数（因为最多 3 个 CEL 覆盖等级）。

NPRACH 信道的功控大致分为两种，一是当需要通过多次重复发送来增强覆盖时，UE 通常需要采用最大发射功率（即下面公式中的 P_{CMAX}），这种情形很简单，也就不存在功控的说法了，二是采用 power ramping 方式，这是咱们讨论的重点。

协议规定，在下面的情况下 MSG1 preamble 采用 power ramping 发送：

» 配置的 CEL 等级数量>1，则最低 CEL（覆盖最好）采用 power ramping 发送。

» CEL 等级数量=1，则采用 power ramping 发送。

换句话说，其他情况下都采用最大功率发射（即不功控）。

当采用 power ramping 方案时，NPRACH 发射功率计算公式如下：

PNPRACH = min{P_{CMAX},NARROWBAND_PREAMBLE_RECEIVED_ TARGET_POWER + PL}，其中：

» P_{CMAX} 为 UE 的最大发射功率。

» NARROWBAND_PREAMBLE_RECEIVED_ TARGET_POWER 为在满足前导检测性能时，eNodeB 所期望的目标功率水平。

NARROWBAND_PREAMBLE_RECEIVED_ TARGET_POWER = PreambleInitialReceicedTargetPower + DELTA_PREAMBLE + (PRAAMBLE_ TRANSMISSION_COUNTER − 1)*powerRampingStep − 10*$\log_{10}$(numRepetition PerPreambleAttempt)

› PreambleInitialReceicedTargetPower :{−90dBm～−120dBm}，与 LTE 类似，eNB 的期望接收功率

› DELTA_PREAMBLE：沿袭 LTE 的做法，引入 preamble 码格式功率偏置，不过 NB 中虽然有两种不同 CP 大小，但是格式是相同的，也即不用调整偏置，此项等于 0

› 10*$\log_{10}$(numRepetition PerPreambleAttempt)：考虑重复次数的因素

› (PRAAMBLE_ TRANSMISSION_COUNTER − 1)*powerRampingStep：接入的次数和功率递增步长，这里即为 powerRamping 的核心思想，上一次不成功，则下一次会做功率攀爬，提升接入成功率。这与 LTE 思路是一样的，如下图所示：

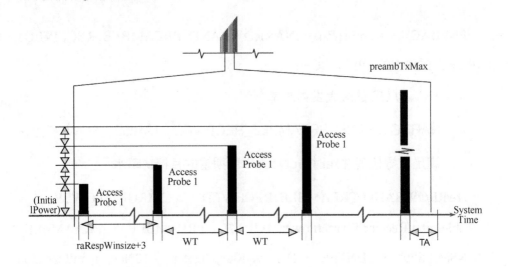

» PL 为 UE 估计的下行路径损耗值,通过 RSRP(NRS Received Power) 测量值和 CellspecificReferenceSignal 发射功率获得, UE 通过 SIB 消息获取 NRS 功率配置值。计算公式为: PL = Cellspecific ReferenceSignal – RSRP

26.2.1.2 NPRACH 功控示例

(1) 假设 RS 功率设置为 20dBm,UE 接收到的 RSRP = –70 dBm,则 PL=90dB。

(2) 小区配置三个覆盖等级,normal(0),extend(1),extreme(2), UE 根据 RSRP 判决出 UE 属于覆盖等级 normal(0),则采用 powerRamping 方式发送。

(3) 假设 preambleInitialReceivedTargetPower = -110dBm,Repetition = 2 即 $10*\log_{10}(numRepetitionPerPreambleAttempt) = 3$,powerRampingStep = 4

Preamble 第一次 attemp 发射功率 $= -110 - 3 + 90 = -23dBm$

Preamble 第二次 attemp 发射功率 $= -23 + -3 + 4 = -19dBm$

26.2.1.3　NPRACH Preamble 重发约定

UE 在窗口内没有收到 RAR 消息，或者 RAR 消息中的 RAPID 不对，则需要进行 Preamble Retransmission，重发的一些约定如下。

- » PREAMBLE_TRANSMISSION_COUNTER 加 1，判断是否超过当前 CEL 下最大发送次数 *maxNumPreambleAttemptCE*。

- » 没有超过，处理 BI，延迟重新尝试。

- » 如果超过当前 CEL 最大发送次数，切换到下一个 CEL 等级，使用下一 CEL 等级的参数发送随机接入 Preamble

- » 到达最大 CEL 等级接入失败，或者最大重发次数后 *preambleTransMax-CE*（这里可以看做总的允许发送次数），接入失败。

- » Preamble 重发 Retransmission 的与 RAR 结束窗口之间的时间间隔至少为 12ms

26.2.2　NPUSCH 功率控制

相对于 LTE FDD 的 PUSCH 功率控制方式，NPUSCH 只支持开环功率控制。

注意：如果当前 NPUSCH 调度的重复次数大于 2（Repetitions +ReTransmissions），则 UE 固定使用 P_{CMAX} 作为发射功率，不进行调整，这也就意味着不进行功控，直接采用最简单的方式（终端最大发射功率）进行发射。

如果当前 NPUSCH 调度的重复次数小于等于 2，那么 NPUSCH 才进行功控，UE 的 NPUSCH 发射功率计算方式如下，单位为（dBm）：

215

$$P_{\text{NPUSCH},c}(i) = \min\begin{Bmatrix} P_{\text{CMAX},c}(i), \\ 10\log_{10}(M_{\text{NPUSCH},c}(i)) + P_{\text{O\_NPUSCH},c}(j) + \alpha_c(j) \cdot PL_c \end{Bmatrix}$$

UE最大发射功率

功率谱密度补偿　　上行期望接受功率　　路损补偿

其中

» i 为当前时隙，c 为服务小区，P_{CMAX} 为 UE 的最大发射功率

» M_{NPUSCH} 为子载波数，Single-tone 3.75K 时取值 1/4，Single-tone 15K 时取值 1，Multi-tone 时取值为子载波数，取值范围为{3，6，12}。这里是在做功率谱密度补偿，跟资源分配有关。理论上，资源分配越多，发射带宽越大，则需要补偿的功率越大。10log 取值是因为这里采用的都是相对值，所以取了对数。事实上，在 LTE 中 PUSCH 发射功率也有类似功率补偿量 $10\log_{10}(M_{\text{PUSCH}}(i))$。

» PL 为 UE 估计的下行路径损耗值，通过 RSRP(NRS Received Power) 测量值和 CellspecificReferenceSignal 发射功率获得，计算公式为：PL = CellspcificReferenceSignal – RSRP，这里路损的计算方式与 LTE 类似。

» PO_NPUSCH,c 为 eNodeB 期望的接收功率水平，由 eNodeB 决定，体现了达到 NPUSCH 解调性能要求时 eNodeB 期望的接收功率谱水平，计算公式如下：

PO_NPUSCH,c = P0_NORMINAL_NPUSCH,c + P0_UE_NPUSCH,c

» α 为路径损耗补偿因子，取值为{0, 0.4, 0.5, 0.6, 0.7, 0.8, 0.9, 1.0}，0 表示全功率补偿，1 表示全路损补偿。

如果当前 NPUSCH 的传输内容为 UCI 消息或者为随机接入中的消息 3，

则固定取值为 1，否则通过参数补偿因子设置。这个补偿量因子与 LTE 是类似的，只是一些细节的差异而已。

最后，将 LTE PUSCH 功控公式进行对比：

$$P_{\mathrm{PUSCH}}(i) = \ldots 10 \log_{10}(M_{\mathrm{PUSCH}}(i)) + P_{\mathrm{O\_PUSCH}}(j) + \alpha(j) \cdot PL + \Delta_{\mathrm{TF}}(i) + f(i)$$

功率谱密度补偿	上行期望接收电平	路损补偿	编码效率补尝	闭环调整量

总结一下 PUSCH 和 NPUSCH 功控的主要差别：

（1）NPUSCH 少了闭环调整量 $f(i)$。

（2）当传输次数 NPUSCH 的 RU 资源重复（Repetitions +ReTransmissions）超过 2 次的时候，直接使用最大功率发送，相比较而言 NB 更加简单。

（3）一些修正调整量上有些区别。

第 27 讲　NB-IoT HARQ 过程

27.1　HARQ 连环九问

首先，要知道什么是 HARQ？

百度答：混合自动重传请求（Hybrid Automatic Repeat reQuest，HARQ），是一种将前向纠错编码（FEC）和自动重传请求（ARQ）相结合而形成的技术。

看完百度提供的答案后，不妨来回答以下几个问题（以下行数据传输为例）：

（1）为什么要重传？

因为 UE 没有正确收到。

（2）怎么重传？

UE 未正确接收基站传的数据，UE 需要在上行信道中将 NACK 消息（又叫 HARQ feedback）反馈给基站，请求基站重传，这可以理解为 Q（request）的词意。

（3）UE 未收到，按照要求反馈了 NACK，接下来终端是"傻傻等"，还是可以"干点别的"？

这个是 HARQ process 的问题，一般来说 LTE 支持 8 个 HARQ process，

即 8 个进程，可以做到多条流水线同时开动，提升连续传输效率。你可以这么认为：终端在这个进程是"傻傻等"，但是这不妨碍终端可以在其他进程中继续传输，当然对某个进程来说，确实还是"傻傻等"的。

（4）什么叫做混合？

看百度回答的后面一句：是一种将前向纠错编码（FEC）和自动重传请求（ARQ）相结合而形成的技术。混合的理解是结合，实质为软合并增益，关键点是纠错，它实现了"既传又纠"的功能（言下之意为以前的 ARQ 只传不纠）。具体说来就是：ARQ 机制采用丢弃数据包并请求重传的方式。虽然这些数据包无法被正确解码，但其中还是包含了有用的信息，如果丢弃了，这些有用的信息就丢失了。通过使用 HARQ with soft combining（带软合并的 HARQ），接收到的错误数据包会保存在一个 HARQ buffer 中，并与后续接收到的重传数据包进行合并，从而得到一个比单独解码更可靠的数据包。ARQ 与 HARQ 还有一个重要的区别就是，ARQ 在 RLC 层，HARQ 在 MAC 层，相比而言，HARQ 还有重传速度快，效率高的特点。

（5）什么叫做自动？

这一切机制都是预置好自动运行的，比如在什么时间、通过什么信道发送反馈信息 NACK/ACK 等。请注意，针对某次传输与对应的 ACK/NACK 之间存在固定的 timing 关系，这对上行、下行都适用，这也是接下来讲解的一个重点。

（6）重传什么时候传？

HARQ 协议在时域上分为同步（synchronous）和异步（asynchronous）两类。同步/异步是针对同一 TB（使用同一 HARQ process）的初传和重传而言

的，而不是针对某次传输与 ACK/NACK 之间的关系的（请看上一个问题），虽然二者之间存在紧密的联系。异步 HARQ（asynchronous HARQ）意味着重传可以发生在任一时刻，也意味着能以任意顺序使用 HARQ process，这里也涉及调度算法的设计；而同步 HARQ（synchronous HARQ）意味着重传只能在前一次传输之后的固定时刻发送。

（7）重传使用什么资源和 MCS？

HARQ 协议在频域上分为自适应（adaptive）和非自适应（non-adaptive）两类。自适应 HARQ（adaptive HARQ）意味着可以改变重传所使用的 PRB 资源以及 MCS，这里同样涉及调度算法。非自适应 HARQ（non-adaptive HARQ）意味着重传必须与前一次传输（新传或前一次重传）使用相同的 PRB 资源和 MCS。

（8）重传的内容跟新传一样吗？

根据重传的比特信息与原始传输是否相同，HARQ with soft combining 分为 chase combining 和 incremental redundancy（增量冗余）两类。chase combining 中重传的比特信息与原始传输相同；incremental redundancy 中重传的比特信息不需要与原始传输相同。LTE 中只使用 incremental redundancy 机制。在 incremental redundancy 中，每一次重传并不需要与初始传输相同。相反，会生成多个 coded 比特的集合，每个集合都携带相同的信息。当需要重传时，通常会传输与前一次不同的 coded bit 集合，接收端会把重传的数据与前一次传输的数据进行合并。每次重传的 coded bit 集合称为一个冗余版本（Redundancy Version，RV）。

（9）如果终端正确收到了，那么还需要继续进行 HARQ 进程吗？

需要，不过这时候反馈的是 ACK 了，告诉基站不用再重传。

下面来看一个仿真图说明 HARQ 带来的增益。

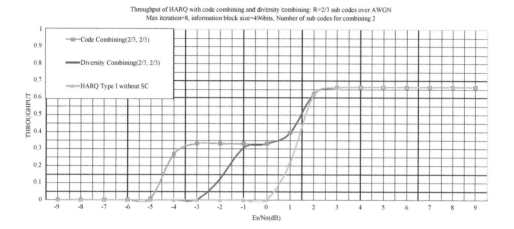

图中最右边的线代表采用传统 ARQ，中间的线代表接收方分集合并的 HARQ，最左边的线代表增加 FEC 冗余方式的 HARQ，可见 HARQ 显著提升低信噪比下的性能，对改善小区边缘覆盖概率是有好处的。

下面结合 NB 的特点，讲解 NB 中上/下行 HARQ 过程的技术细节。

27.2　NB 中上下行 HARQ 应用要点

　》　NB-IoT 上下行都只有一个 HARQ 进程

这意味着，终端发送 NACK 后，只能"傻傻等"，而不能像 LTE 一样可以一边等一边在其他进程传。这样做的主要原因是基于成本的考虑，降低终端实现复杂度。

> » 上下行都是异步 HARQ

意味着重传相对于新传（或者叫做初传）数据没有固定的定时关系。

> » 上行支持 RV 版本 0 和 2，下行不支持 RV 版本

RV 版本问题请参考上节。下行数据传输不支持 RV 版本的原因是根据仿真，不支持更多 RV 版本也不会降低重传的性能。

> » 对下行 NPDSCH 数据，在 DCI N1 中，分配承载 ACK/NACK 信息的
> NPUSCH Format 2 信道资源

具体可以查看 DCI N1 中 HARQ-ACK resource 字段（4bit），更多细节见 NPDSCH 信道讲解章节。

> » 对于上行 NPUSCH 数据，在 DCI N0 中，通过 NDI 字段进行
> ACK/NACK 应答

具体可以查看 DCI N0 中 New data indicator 字段（1bit），更多细节见 NPUSCH 信道讲解章节。

注意：在 LTE 中针对 PUSCH 信道的 HARQ 反馈专门设计了 PHICH 信道，而 NB 中为了简化信道，直接将 PHICH 减掉了，将反馈功能直接合并到 DCI N0 中来了。

27.3 下行 HARQ 定时关系

以下重点介绍在上下行 HARQ 中的定时关系，关于资源分配不做详细讲解，可以参考物理信道 NPDCCH 和 NPUSCH 讲解部分。

27.3.1 NPDCCH 与 NPDSCH 定时关系

在 NB 系统中，由于 NPDCCH 和 NPDSCH 是时分复用的，位于不同的子帧中，这里即存在两者的定时关系。协议上考虑 NB 的终端成本问题，将调度定时间隔定为最小 4ms，即子帧 n 为 NPDCCH 传输的结束帧，所调度的 NPDSCH 最快从 $n+5$ 子帧开始传输。此外，系统设计一个 k_0 参数，对定时关系进行修正，即 NPDCCH 结束子帧 n，UE 在 $n+5+k_0$ 以后的子帧接收 NPDSCH。k_0 值的得到方法较为复杂，以 DCI N1 为例，通过查 N1 中的 Scheduling delay 字段得到 I_{Delay} 值，然后查下表。

I_{Delay}	k_0	
	$R_{\text{max}} < 128$	$R_{\text{max}} \geqslant 128$
0	0	0
1	4	16
……	……	……
7	128	1024

这里意味着 delay 时延可以有 8 个取值，假设此处给的索引为 0，那么可以查表得到：如果 $R_{\text{max}} < 128$（R_{max} 为 eNB 配置给终端 NPDCCH 的 R_{max} 参数）的情况下，$k_0 = 0$，其含义就是结束 NPDCCH 传输后在 $n+5+k_0 = n+5$ 子帧后再去接收 NPDSCH 信息。目前来看，某主流设备厂家即设置为 $k_0 = 0$。

特别提醒一点，这里在 $n+5$ 和隔 4 个子帧后去接收，是同样的意思，有的书上采用了隔多少个子帧的说法。

27.3.2　NPDSCH 与 NPUSCH 格式 2 定时关系

DCI N1 中 HARQ-ACK resource 字段(4bit)给 UE 配置了传输完 NPDSCH 后上行 HARQ-ACK 反馈资源。NB 中具有 16 种配置情况，且配置区分 15kHz 和 3.75kHz 两种情况，比较复杂。总体时序关系为：NPDSCH 结束子帧 n，UE 在 $n + k_0 - 1$ 以后的子帧发送 NPUSCH format 2 的 ACK/NACK。下面讲解 3.75kHz 情况，见下表。

ACK/NACK resource field	ACK/NACK subcarrier	k_0
0	38	13
1	39	13
……	……	……
14	44	21
15	45	21

第一列为 ACK/NACK resource 索引，共 $2^4 = 16$ 种配置；第二列对应子载波从 38～45 共计 8 个取值。这里的意思是规定在 3.75kHz 的情况下，以 45 号子载波为 0 号基线子载波，其他子载波基于基线子载波进行偏置，取值为(0，−1，−2…−7)，共计 8 个；第三列 k_0 取值为 2 个，即频率偏移为 13 或者 21 两个取值，意思代表时域偏移，要么为 13，要么为 21 个子帧(注意单位都为子帧)。这样，共计 4bit 的字段，时域偏移信息占用 1bit，频域偏移占用 3bit，恰好可以表示出资源的时频位置。

27.3.3　下行 HARQ 示例

下行 HARQ 示例如下图所示。

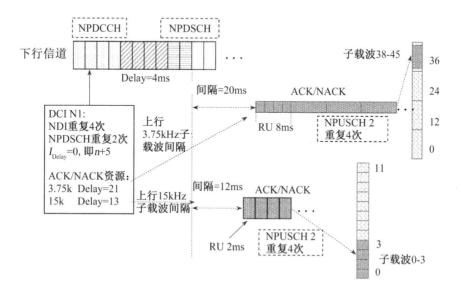

» 示例中 I_{delay} = 0，则 NPDCCH 和 NPDSCH 的定时关系为 n + 5，也即隔 4ms。

» 示例中，ACK/NACK 资源反馈定时关系区分两种不同的子载波间隔。

27.4　上行 HARQ 定时关系

27.4.1　NPDCCH 和 NPUSCH 定时关系

由于 NB 中不支持 PHICH 信道，所以上行 HARQ 定时主要考虑 NPDCCH 和 NPUSCH 之间的定时。NB 中关于两者的定时采用的方案与下行相同，不

同的是只定义了一组调度定时的值。即 DCI N0 结束子帧 n，UE 在 $n+k_0$ 以后的子帧发送 NPUSCH format 1。具体见 DCI N0 中的 Scheduling delay 字段：I_{Delay}。

I_{Delay}	k_0
0	8
1	16
2	32
3	64

这里意味着 delay 时延可以有 4 个取值，请注意这里比下行要简化，不再考虑 $R_{\max}$ 取值的影响。假设此处给的索引为 0，那么则可以查表得到：$k_0 = 8$，其含义就是结束 NPDCCH 传输后，隔 $k_0 = 8$ 个子帧后再去传输 NPUSCH 信息。目前来看，某主流设备厂家即设置为 $k_0 = 8$。

27.4.2 上行 HARQ 示例

上行 HARQ 示例如下图所示。

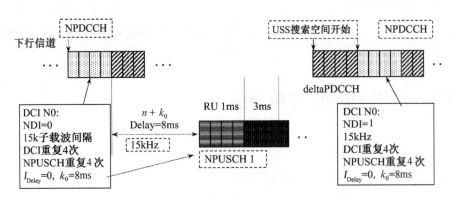

» 第一次 NDI 为 0，则意味着上次上行传输为 NACK，第二次 NDI=1，则意味着重传成功，UE 在下一次上行传输的时候将新传数据

» l_{Delay} 设置为 0，查表 $k_0 = 8ms$，即接收完 NPDCCH 后间隔 8ms 后使用 DCI N0 中调度的上行资源

» NPDCCH、NPUSCH 都是可以重复传输的。

» 理论上，每次 DCI 中的参数都可以发生变化，即这种时序关系、重传次数等都可以发生变化。

27.5 一次完整的下行 HARQ 传输定时流程

一次完整的下行 HARQ 传输定时流程如下图所示。

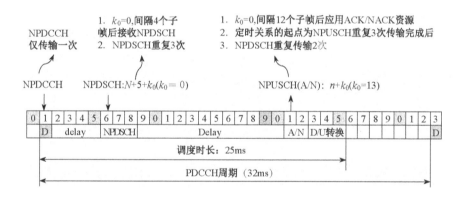

具体细节不再赘述。

第 28 讲　NB-IoT 技术拾遗

28.1　NB 中常见的定时器和计数器

与 LTE 类似，NB 中同样有定时器和计数器，常见的定时器和计数器都在 SIB2 中下发，具体如下。

36.331 UE-TimersAndConstants-NB information element

```
UE-TimersAndConstants-NB-r13 ::=    SEQUENCE {
    t300-r13                        ENUMERATED {
                                        ms2500,   ms4000,   ms6000,
ms10000,
                                        ms15000, ms25000, ms40000,
ms60000},
    t301-r13                        ENUMERATED {
                                        ms2500,   ms4000,   ms6000,
ms10000,
                                        ms15000, ms25000, ms40000,
ms60000},
    t310-r13                        ENUMERATED {
                                        ms0, ms200, ms500, ms1000,
ms2000, ms4000, ms8000},
    n310-r13                        ENUMERATED {
                                        n1, n2, n3, n4, n6, n8, n10,
```

```
n20},
    t311-r13                            ENUMERATED {
                                            ms1000,   ms3000,   ms5000,
ms10000, ms15000,

                                            ms20000, ms30000},
    n311-r13                            ENUMERATED {
                                            n1, n2, n3, n4, n5, n6, n8,
n10},
    ...
}
```

几点说明：

» T 开头的为定时器，N 开头的为计数器；

» 无线侧定时器和计数器一般为 3 位数，且大部分为 3XX，NAS 层定时器和计数器一般为 4 位数，如 T3412；

» 如果对比 LTE 就会发现，NB 中的这 6 个定时器和计数器与 LTE 是一样的；

» 以上定时器和计数器并不是全部，所以这里谈到的是常见的；

» LTE 中有的定时器在 NB 中是找不到的，比如你肯定找不到切换类定时器（如 T304），因为 NB 不支持切换；

» eNodeB 中还有大量的定时器和计数器，很多是私有的，各个厂家实现不一样，但是只要在空口下发的，肯定皆为 3GPP 规范定义的公有定时器和计数器；

» 大致上，我们可以将以上 6 个定时器和计数器划分为三类：RRC 初始接入类、无线链路失败监测类、RRC 重建类，下面分述之。

28.1.1 RRC 初始接入类

RRC 初始接入类原理示意图如下图所示。

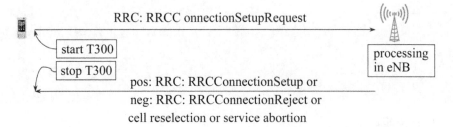

RRC: RRCC onnectionSetupRequest

start T300

stop T300

processing in eNB

pos: RRC: RRCConnectionSetup or

neg: RRC: RRCConnectionReject or

cell reselection or service abortion

if T300 expirers, higher layers in UE are informed about access failure.

参数含义及影响如下表：

参数	取值区间	功能描述	对网络影响
T300	ms2500, ms4000, ms6000, ms10000,ms 15000, ms25000, ms40000, ms60000	该参数表示 UE 侧控制 RRC 连接建立过程的定时器。在 UE 发送 RRCConnectionRequest（MSG3）后启动。在超时前如果遇到以下 3 种情况则定时器停止： - UE 收到 RRCConnectionSetup 或 RRCConnection Reject； - 触发 Cell-reselection 过程； - NAS 层终止 RRC connection establishment 过程。 如定时器超时，则 UE 重置 MAC 层、释放 MAC 层配置、重置所有已建立 RBs（Radio Bears）的 RLC 实体，并通知 NAS 层 RRC 连接建立失败	增加该参数的取值，可以提高 UE 的 RRC 连接建立成功率。但是当 UE 驻留的小区信道质量较差或负载较大时，可能增加 UE 的无谓随机接入尝试次数。 减小该参数的取值，当 UE 选择的小区信道质量较差或负载较大时，可能降低 UE 的 RRC 连接建立成功率

28.1.2 无线链路失败监测类

无线链路失败监测类原理示意图如下图所示。

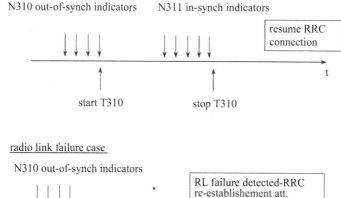

successful case

N310 out-of-synch indicators　　N311 in-synch indicators

resume RRC connection

start T310　　stop T310

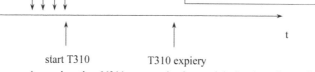

radio link failure case

N310 out-of-synch indicators

*

RL failure detected-RRC re-establishement att.

start T310　　T310 expiery

*no or less than N311 consecutive in-synch indications detected

参数含义及影响如下表所示。

参数	取值区间	功能描述	对网络影响
N310	n1, n2, n3, n4, n6, n8, n10, n20	该参数表示接收连续"失步(out-of-sync)"指示的最大数目,达到最大数目后触发 T310 定时器的启动。	N310 设置越大,UE 对 RL 失步的判断就越不敏感,可能造成本来不可用的 RL 迟迟不能被上报,RL 失步进而无法触发后续的恢复或重建操作;该参数设置过小,会造成不必要的 RRC 重建
T310	ms0, ms200, ms500, ms1000, ms2000, ms4000, ms8000	N310 个连续失步后,启动定时器 T310,该定时器运行期间,如果无线链路恢复,则停止该定时器,该定时器超时,认为无线链路失败。与 N311 联合起作用	T310 设置越大,UE 等待下行失步恢复的时间就越长,但此时间内相关资源无法及时释放,也无法发起恢复操作或响应新的资源建立请求。该参数设置过小,会造成不必要的 RRC 重建
N311	n1, n2, n3, n4, n5, n6, n8, n10	该参数用于设置停止 T310 定时器所需要收到的最大连续"in-sync"指示的个数	N311 设置得越大,越可以保证 RL 恢复下行同步的可靠性,但相应的也会增加导致 T310 超时的风险,一旦 T310 超时,就会触发 RL FAILURE 原因的连接重建流程

28.1.3 RRC 重建类

RRC 重建类原理示意图如下图所示。

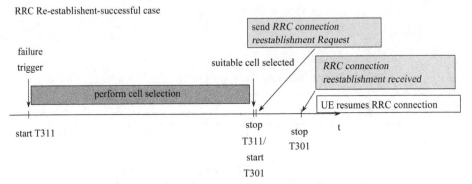

RRC Re-establishent-successful case

UE must be able to reselect a cell within T311.
Access procedure for the RRC re-establishment procedure is controlled by T301.

参数含义及影响如下表：

参数	取值区间	功能描述	对网络影响
T311	ms1000, ms3000, ms5000, ms10000, ms15000, ms20000, ms30000	T311 用于 UE 的 RRC 连接重建过程，它控制 UE 开始 RRC 连接重建到 UE 选择一个小区过程所需的时间，期间 UE 执行小区选择过程	设置值越大，UE 进行小区选择过程中所被允许的时间越长，RRC 重建过程越滞后；设置过小，可能导致挽救概率变小
T301	ms2500, ms4000, ms6000, ms10000, ms15000, ms25000, ms40000, ms60000	在 UE 上发 RRCConnection ReestabilshmentRequest 后启动。在超时前如果收到 UE 收到重建接收或重建拒绝则定时器停止。定时器超时，则 UE 变为 RRC_IDLE 状态	增加该参数的取值，可以提高 UE 的重建成功率。但是，当 UE 选择的小区信道质量较差或负载较大时，可能增加 UE 的无谓随机接入尝试次数。减少该参数的取值，可能降低 UE 的重建成功率

28.2　NB-IoT 的安全机制

NB-IoT 系统可以支持两层安全机制：

 » 　第一层：接入网中的 RRC 安全（完整性保护和加密）和用户面（加密）安全，即接入层 AS 安全。

安全模式可以划分为两个子项，即完整性保护和加密。其中完整性保护只针对控制面信令起作用，而加密是针对用户面数据和控制面信令都起作用。

 » 　第二层：EPC 网络中的非接入层 NAS 安全。

前面已经谈过，对于 NB 来说，数据传输分为控制面优化方案和用户面优化方案，这两者在安全模式上是有较大的区别的。对于仅支持控制面优化传输方案的终端，仅支持非接入层 NAS 安全；对于用户面优化传输方案的终端可以同时支持接入层安全和非接入层安全。

在 NB-IoT 系统中采用的 NAS 安全机制以及接入层的初始安全激活过程和 LTE 相同。对于接入层安全的重激活过程，除可以支持通过 RRC 连接重建立过程来重激活接入层安全之外，还可以通过 RRC 连接恢复过程来重激活接入层安全，并且 RRC 连接恢复过程生成的 short MAC-I 不同于 RRC 连接重建立过程中生成的 short MAC-I。

下图为 E-UTRAN 安全层级，NB-IoT 与此相同，具体细节不再赘述，大家可以参考相关 LTE 文档。

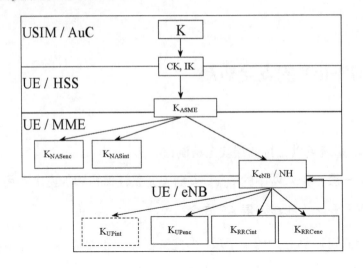

28.3 NB 中终端能力信息交互

NB-IoT 中终端能力可以在空口和 S1 口传递。从本质上看，S1 口传递的消息终究来源还是空口的，所以这里仅谈空口终端能力传递。

实际上，NB 中终端能力交互的方式与 LTE 中是基本相同的，总体分为三类：

1）RRC 连接请求消息携带终端能力

终端可以在 RRC 连接请求消息 RRCConnectionRequest 中上报部分无线能力，例如，终端的 multi-tone 支持能力以及终端的多载波支持能力，以便基站根据终端能力进行合理无线资源配置。需要注意的是，这里携带的终端能力很少，且仅仅为终端的无线能力。

2）RRC 连接建立完成消息携带终端能力

终端可以在 RRC 连接建立完成 RRCConnectionSetupComplete 消息中上报终端的部分非接入层能力。例如，终端是否支持用户面优化传输方案、终端是

否支持不建立 PDN 能力的附着操作的能力、终端支持的安全算法等。实质上，我们可以通过信令解码看到，终端将 NAS 层的信息封装到 RRC 消息中，然后通过 RRC 消息传递给 MME，这种方式称为 piggybacked，这条被封装的 NAS 层消息就是 attach request，终端能力仅仅是其中一个子项。这样大家也就能明白在此条消息中主要是传递 NAS 层终端能力了。

3）UE 终端能力信息上报中携带终端能力

在连接态，终端可以根据基站的请求上报终端无线能力信息，包括终端无线接入能力和终端的无线寻呼能力。这条消息作为一条专门上报终端能力的消息，包含的终端能力信息是比较多的，但是相比 LTE，NB 中无线接入能力要简单得多。下图为 *UECapabilityInformation* 交互流程图，具体见 36.331.

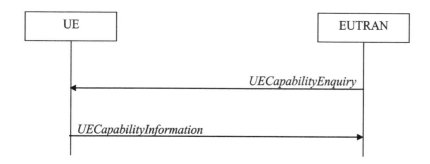

网络规划篇

好的网络质量离不开合理的网络规划。

网络规划就好比画房子的设计图纸，图纸设计的科学、合理、详细，才能保证房子建造出来安全、舒适、美观。

第 29 讲　NB-IoT 规划概述及链路预算

29.1　规划的三大要点

无线网络规划主要是基于对现网需求和建网目标的分析，不管是 2G、3G、4G 还是 NB 的网络规划，都是通过覆盖规划（主要为链路预算）和容量估算，输出站点规模和基站配置，以满足覆盖和容量的性能指标。

无线网络规划的三大要点为：覆盖规划、容量规划和参数规划。

覆盖规划和容量规划主要用于规模估算。覆盖规划又包含两个方面，一个方面是边缘覆盖信号强度的要求，如 LTE 中要求边缘覆盖在 -120dbm～-126dbm；另一方面是边缘速率的要求，只有边缘区域的速率达到一定的要求，才能认为是有效覆盖。

参数规划包括工程参数规划（天线高度、方位角和下倾角等）和无线参数规划（邻区、频率和 PCI 规划等），主要用于保证网络覆盖和性能。

29.2 NB 的规划特点分析

NB-IoT 网络和 LTE 网络相比，有相同的地方，也有不同的地方，因此在网络规划中，可以继承 LTE 网规的部分内容，同时也需要考虑其特殊点。

NB-IoT 和 LTE 最大的相同点是物理层技术大部分继承在 LTE，且在组网上，两者都是以同频组网为主，因此 NB-IoT 和 LTE 一样，在网络规划中非常关注网络结构，需要严格控制小区间的重叠覆盖。

对于 NB-IoT 和 LTE 的不同点，主要体现在以下几个方面。

1）NB-IoT 的覆盖场景比 LTE 更加复杂和广泛，需要深度覆盖和广度覆盖兼具。

NB-IoT 网络承载的终端主要是物，连接的主要是物与物，或物与人的通信。LTE 网络承载的主要是智能手机，连接的主要是人与人的通信，因此 NB-IoT 的覆盖场景比 LTE 要更加复杂和广泛。比如对于 NB-IoT 的抄表业务，终端可能会在建筑物的旮旯地方，需要考虑的穿透损耗比 LTE 终端要大很多；对于环境监控业务，终端可能会在特殊场景如沙漠、海洋、草原等，这些区域很多是不需要 LTE 覆盖的。

2）NB-IoT 无切换，终端大部分是静止的，而 LTE 网络中的终端大部分都是移动的。

在 NB-IoT 网络中，从目前的业务预测分析，大部分终端都不具备移动性，也就是大部分的终端是静止的，因此覆盖是至关重要的。在 LTE 网络中，当终端在某些覆盖盲区无法使用业务时，终端可以移动到覆盖好的区域，就能正常使用业务了。而在 NB-IoT 网络中，考虑到大部分都是静止的，因此如果终

端是在覆盖盲区，那么终端就一直无法使用业务，无法像 LTE 终端那样通过移动位置来改善业务体验。

3）NB-IoT 承载的一般为速率较低、时延较大、功耗较小的业务，而 LTE 承载的一般为速率较大、时延较小、对功耗不敏感的业务。

NB-IoT 的业务数据包是比较小的，从 TR45.820 文档看，常规数据包为 20Byte，最大为 200Byte，可见对于速率不是非常敏感。同时考虑到 NB-IoT 占用的子载波带宽比较小，传递一个数据包可能会需要较长的时间，因此 NB-IoT 的业务必须对时延容忍度比较高。此外考虑到 NB-IoT 终端要求做到功耗较小。相比而言，LTE 比较看重速率和时延，这两个指标对 LTE 用户的体验影响很大，且对于功耗 LTE 不敏感，基本可以通过外部充电来满足。因此，传统的 LTE 网络规划中，根据小区边缘速率要求，来计算小区的覆盖半径，而考虑到 NB-IoT 对业务的速率和时延不敏感，因此这个方法在 NB-IoT 里面是不合适的。在 NB-IoT 网络中，考虑终端功耗更多，因此覆盖很重要，当 RSRP 覆盖较好时，终端可以获取较高的业务电平，可以减小发射功率，从而减小电池消耗，提高其使用寿命。

4）NB-IoT 网络中覆盖和容量规划是强相关的，在 LTE 中两者关联不太紧密。

在 LTE 网络中，当单小区容量规划设计较大时，在覆盖规划中需要考虑较大的干扰余量，因为当网络负荷增加的时候，会导致干扰增加，此时有效覆盖范围会减小，称为呼吸效应。而 NB-IoT 中，当小区覆盖规划设计的半径较小时，终端接收电平好的比例就高，此时小区容量相对较大，因为终端接收电平好则需要重复的终端比例就低，小区容量就比较大；而当小区覆盖规划设计的半径比较大时，终端接收电平差的比例就高，此时需要重复的终端就比较多，小区容量相对就小。考虑到这个特点，在当前无法准确预测 NB-IoT 容量的情况下，需要尽量设计较高的覆盖电平，从而来保证 NB-IoT 的容量足够大。

5）NB-IoT 的功率谱密度，相对 LTE 而言有较大增益。

上行方向，NB-IoT 终端的发射功率和 LTE 是相同的，都是 23dBm，但是 NB-IoT 的上行子载波最小为 3.75kHz，而 LTE 上行的最小发射带宽为 180kHz，NB-IoT 比 LTE 的功率谱密度增益为：10*log（180/3.75）=17dB；下行方向，假设发射功率都为 43dBm（20W）的情况下，NB-IoT 在 stand alone 模式时，下行有效带宽为 180kHz，而 LTE 带宽为 20MHz（有效带宽为 18MHz），那么下行 NB-IoT 比 LTE 的功率谱密度增益为：10*log（18000/180）=20dB。考虑到这个特点，在相同的小区半径下，NB-IoT 比 LTE 可以覆盖更深（室内区域）和更广（室外区域）。

注意：NB 对深度覆盖和广度覆盖要求更高，本身比 LTE 覆盖能力要强。

29.3　覆盖规划之于链路预算

基于链路预算的覆盖规划的大致思路为：

实际上，无论对于哪个通信系统的覆盖规划，链路预算始终是其技术的核心，也是无法绕开的关键点，当然也是好多同学的学习难点。下面重点谈 NB 的链路预算。

29.3.1　链路预算过程

链路预算是通过对系统中上、下行信号传播途径中各种因素的考察，对系统的上下行覆盖能力进行评估，在保证一定质量的前提下，得到链路所允许的最大路损。最大允许路损分为上行和下行，取其中的最小值作为系统的最大允许路损。一般来说，因为终端功率受限，所以链路预算一般为上行受限，所以最大允许路损以上行为准。

总体来看，NB-IoT 的链路预算和 LTE 是相同的。最大允许路损计算公式如下：

最大允许路损 MAPL

=发射功率−接收机灵敏度−各种损耗和余量+各种增益

具体链路预算过程如下图所示。

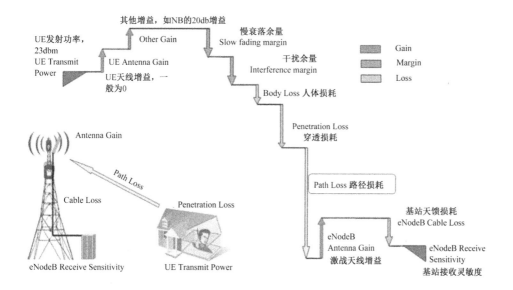

29.3.2 链路预算表（示例）解读

	Parameter	参数说明	Legacy GPRS		NB-IoT	
			DL	UL	PDSCHI n-band (2*1.6W)	PUSCH (15kHz)
目标	Data rate	设定的速率目标，此值跟第（7）相关，速率要求越高 SINR 要求越高	20kbps	20kbps	670bps	210bps
Tx	(1) Tx Power in OccupieBandwidth (dBm)	最大发射功率，如果是 DL 则为基站发射，此时发射功率是可变的；如果是 UL，则功率为固定值	43	33	35	23
Rx	(2)Thermal Noise (dBm/Hz)	热噪声系数，也叫背景噪声，计算方法 $e = KT$ $K = 1.38 \times 10^{-23}$, Boltsman Constant $T = 290K$, temperature with unit K	-174	-174	-174	-174
	(3)Occupied Bandwidth (kHz)	发射所占用带宽，在计算热噪声功率中用到。热噪声功率 Thermal Noise= E + 10lg(1000*bandwidth)，此处乘以 1000 为单位是 kHz，而热噪声系数单位为 Hz $E = 10lg(e \times 1000)$	180	180	180	15
	(4)Receiver Noise Figure (dB)	噪声系数，一般为设备给定值。它是指当信号通过接收机时，由于接收机引入的噪声而使信噪比恶化的程度	5	3	5	3
	(5) Interference Margin (dB)	干扰余量，往往与负荷相关	0	0	0	0
	(6)Effective Noise Power (dBm) = (2)+10log10((3))+(4)+(5)	等效干扰功率 =(2)+10log1000((3))+(4)+(5)	-116.4	-118.4	-116.4	-129.3
	(7)Required SINR (dB)	通过链路仿真获得（仿真算法不同，结果会有差异），与业务类型、信道条件等都相关	10.4	12.4	-12.6	-12
	(8)Receiver Sensitivity (dB) = (6)+(7)	接收机灵敏度	-106	-106	-129	-141.3
	(9)Rx processing gain (dB)	接收端处理增益，与解调门限类似，也是通过链路仿真获得（仿真算法不同，结果会有差异）	0	5	0	0
MAPL	(10)Maximal Coupling Loss (dB) = (1)-(8) + （9）	最大允许损耗	149	144	164	164.3

1）此表中第二列中为参数，其中（1）为 Tx 端，（2）～（9）为 Rx 端，（10）为计算结果，上下行都适用。

2）第四列和第五列为 GPRS 的 DL 和 UL 的链路预算结果，第六列和第七列为 NB 中的 DL 和 UL 的链路预算结果。给出这么多的数据是想对比，我们看（10），得出的结果：一是 NB MAPL 可以比传统的 GPRS 大 20db，二是 UL MAPL 比 DL 的要小。

3）看（7），NB 与 GSM 差距很大，通过链路仿真获得（仿真算法不同，结果会有差异），与业务类型、信道条件等都相关。

4）原来提到的 NB 的 20db 增益，从上表中来看，主要体现在接收机灵敏度及解调门限 SINR 的降低。

5）此表中未考虑阴影衰落、穿透损耗等损耗，也没有考虑到天线增益等。换句话说，如果考虑进去，可能达不到 MAPL=164。

29.3.3　NPUSCH 链路预算实例

900M 时，15kHz 子载波场景下 NPUSCH 信道的链路预算如下表。这里按照容量最大原则（不考虑重复增益），计算上行业务信号的覆盖半径。

Morph		Dense Urban	Urban	Suburban
System Bandwidth(MHz)	kHz	200	200	200
Num. of Tx antenna	#	1	1	1
Num. of Rx antenna	#	2	2	2
N_RU	#	10	10	10
Modulation	#	QPSK	QPSK	QPSK
TBS	bit	1000	1000	1000
Repetitions	#	1	1	1
Transmission time	ms	80	80	80

续表

Morph		Dense Urban	Urban	Suburban
Subcarriers	#	1	1	1
Subcarriers bandwidth	kHz	15.00	15.00	15.00
eNode B				
SINR Request	dB	6.80	6.80	6.80
eNode-B Noise Figure	dB	3	3	3
eNode-B Sensitivity	dBm	−122.4	−122.4	−122.4
UL Interference Margin	dB	2	2	2
eNode-B Antenna Gain	dBi	15.5	15.5	15.5
Cable & Connector Losses	dB	0.5	0.5	0.5
TMA gain	dB	0	0	0
Margin and gain				
Cell Area Coverage Probability	%	99%	99%	99%
Shadowing Standard Deviation	dB	10	8	8
Shadowing Margin	dB	18.94	14.65	14.65
Penetration Margin	dB	20	17	14
Body Losses	dB	0	0	0
Additional UL Losses	dB	0	0	0
UE				
UE Antenna Gain	dBi	0	0	0
UE Max Transmit Power	dBm	23	23	23
UL Coverage				
MCL	dB	145.44	145.44	145.44
Indoor MAPL	dB	119.50	126.79	129.79
Frequency	MHz	900	900	900
Base station antenna height	m	25	30	35
Subscriber Unit antenna height	m	1.5	1.5	1.5
DL Cell Range	km	0.60	1.25	2.58
Intersite distance	km	0.90	1.87	3.87

几点说明：

1）SINR Request：这里与上表差异很大，原因是这里不考虑重复增益。此值是系统仿真值，需要考虑较多的因素，如目标速率、重传次数、TBS/MCS、

覆盖等级、子载波类型等。

2）不同的区域，会影响阴影衰落、穿透损耗。如这里采用的穿透损耗建议值如下：

Environment	Penetration Margin (dB)
Dense Urban	20
Urban	17
Suburban	14
Rural	8

3）这里实际上是没有达到 MAPL=164 的，如果要达到，则可以调整其他量，如目标速率、重复次数等。

第30讲 NB-IoT 容量和参数规划

30.1 容量规划

30.1.1 容量规划三个原则

1）容量规划需要与覆盖规划相结合，最终结果同时满足覆盖与容量的需求

NB-IoT 网络中覆盖和容量规划是强相关的，当小区覆盖规划设计的半径较小时，终端接收电平好的比例就高，此时小区容量相对较大，因为终端接收电平好则需要重复的终端比例就低，小区容量就比较大；而当小区覆盖规划设计的半径比较大时，终端接收电平差的比例就高，此时需要重复的终端就比较多，小区容量相对就小。考虑这个特点，在当前无法准确预测 NB-IoT 容量的情况下，需要尽量设计较高的覆盖电平，从而来保证 NB-IoT 的容量足够大。

2）容量规划需要根据话务模型和组网结构对不同的区域进行规划

3）容量规划除业务能力外，还需综合考虑信令各种无线空口资源

30.1.2 容量规划的流程

NB-IoT 的容量规划和其他制式流程基本类似，大致如下：

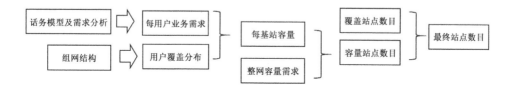

» **话务模型及需求分析**：针对用户的需求及话务模型进行分析，如业务次数、业务包大小等。

» **每用户业务需求**：基于话务模型及一定假设进行计算得出。

» **整网需求容量**：来自用户的规划诉求，即目标放号用户数。

» **每基站容量**：基于一定用户分布假定结合每用户的业务需求，得出的平均每站点承载的容量。

30.1.3 容量规划方法

根据用户单次接入发包过程的空口信令、占用各信道的时间，分别计算各信道容量：

$$各信道容量 = \frac{各信道总的时频资源}{\sum_{i=0}^{2} 覆盖等级 i 用户比例 * 覆盖等级 i 单用户占用信道时间} * 调度效率$$

» **输入 1：话务模型：**

1. 用户每次发送 1 次 100 字节数据

备注：NB-IoT 的业务数据包是比较小的，从 TR45.820 文档看，常规数据包为 20Byte，最大为 200Byte，我们采用 100Byte 数据来进行容量规划。

2. 用户发起接入的时间随机分布（满足泊松分布）

   » **输入 2**：用户分布模型（0dB：10dB:20dB）：

1. 比拼场景：10 : 0 : 0

2. 典型场景：5 : 3 : 2

注：0dB:10dB:20dB 代表 NB 终端用户分布在 MCL 144dB/154dB/164dB 的比例。

   » **输出**：小区容量由短板决定

= MIN（PRACH 用户数， PUSCH 用户数， PDSCH&PDCCH 用户数）

30.1.4 容量估算结果示例

综合各信道的结果(每小时发送 100 字节包)		
信道	用户在各覆盖等级的分布	
	10:00:00	5:03:02
PRACH	113K	14.2K
PDSCH	176K	11.1K
PUSCH	346K	8.3K
每小时空口接入次数	113K	8.3K

在得到每小区支持的用户数后，可根据实际容量需求，来确定现有站点是否可以支撑容量需求。例如在 5:3:2 的用户分布条件下，每个小区支持的用户数为 8.3 千户，单站三小区支持的用户数为 2.49 万，假定网络待放号用户数为 1000 万，则需要的站点数目=1000/2.49=402 个基站。

30.2　参数规划

30.2.1　小区 ID 规划

和 LTE 的规划原则保持一致即可，同一 eNodeB 下 NB-IoT 的小区 ID 不能和 LTE 一致。

30.2.2　PCI 规划

PCI 规划总体原则，除了要求相邻小区不能配置相同 PCI 外，还要满足 1T 情况下 mod6 错开，2T 情况下 mod3 错开，另外为了上行 DMRS 序列性能，对 PCI 还有 mod16 错开要求（但 inband 情况下目前还无法同时支持 mod16 错开）。NB-IoT Inband 部署情况下，目前 NB-IoT PCI 只能和 LTE 保持一致。

30.2.3　TAC 规划

TAI=MCC+MNC+TAC，协议规定 NB 的 TAI 必须和 LTE 的不一样，因此有两种选择，一种在配置 PLMN（MCC+MNC）就和 LTE 不一样，或者 TAC 需要和 LTE 配置不一样，取决于运营商选择。从 eNodeB 空口能力受限角度分析，建议 20 个 NB-IoT 基站（单基站 3 个小区）规划为 1 个 TAC。

30.2.4　PRACH 规划

NB-IoT 的 PRACH 采用频域偏置的方式进行规划，协议规定了 7 个频域位置（PrachSubcarrierOffset），规划的原则：尽量保证邻区的 PRACH 频域偏置错开，避免 PRACH 冲突。考虑 PRACH 信道在不同覆盖等级下，PRACH 资源占用时长如下：

覆盖等级 0	11.2ms(普通 CP)、12.8ms(扩展 CP)	重复次数 2
覆盖等级 1	22.4ms(普通 CP)、25.6ms(扩展 CP)	重复次数 4
覆盖等级 2	179.2ms(普通 CP)、204.8ms(扩展 CP)	重复次数 32

30.2.5　导频功率配置规划

根据具体 RRU 模块和现网配置来确定 NB-IoT 的载波发射功率，NB-IoT 导频功率(dBm)=10*log（NB-IoT 载波总功率(mW)/12），设置相应的 NB-IoT 的导频功率。在没有额外系统外干扰场景下，建议在规划时根据负载情况预留 2～7dB 的余量。

30.2.6　NB–IoT 功率规划

NB 下行链路预算分析如下：

Parameters	RRU(20W)	RRU(6.7W)	RRU(3.2W
Data rate(kbps)	1.8	0.97	0.67
（1）Tx Power in Occupied Bandwidth (dBm)	43	38.2	35（2T2R）
（2）Thermal Noise Density (dBm)	−174	−174	−174

续表

Parameters	RRU(20W)	RRU(6.7W)	RRU(3.2W
（3）Occupied Bandwidth (kHz)	180	180	180
（4）Receiver Noise Figure (dB)	5	5	5
（5）Interference Margin (dB)	0	0	0
（6）Effective Noise Power (dBm) = (2)+10log10((3))+(4)+(5)	−116.4	−116.4	−116.4
（7）Required SINR (dB)	−5	−9.7	−12.6
（8）Receiver Sensitivity (dB) = (6)+(7)	−121.2	−126.1	−129.0
（9）Rx processing gain (dB)	0	0	0
（10）Maximal Coupling Loss (dB) = (1)-(8) + （9）	164.4	164.3	164

» 边缘覆盖：即使是 3.2W，也可以通过重复来达到 20dB 的边缘覆盖；

» 速率分析：从链路预算，目前 NB 的 3.2W 的功率下行速率为 0.67Kbps，因此也是可以满足协议最低 IoT 业务 160bps 的需求。功率的进一步提升可以带来边缘用户速率（体验）的提升。

30.2.7 覆盖等级 RSRP 设置

以 2dB 规划余量为例，建议覆盖等级 0 的 MCL 为大于 142dB，覆盖等级 1 的 MCL 为 142dB～152dB，覆盖等级 2 的 MCL 为小于 152dB。假定 NB 的导频功率设置为 32.2 dBm，则按照导频功率和建议的 MCL 推算不同覆盖等级的 RSRP 门限如下：NbRsrpFirstThreshold=32.2-142= −110 dBm，NbRsrpSecondThreshold=32.2-152=-120 dBm，如果导频功率不一样，按照实际导频功率进行计算。如果存在系统外干扰的场景下，需要再根据实际系统外干扰情况下来调整该门限值。

30.3 频谱规划

频谱的选择主要考虑三方面因素：频段选择/部署方式/干扰。

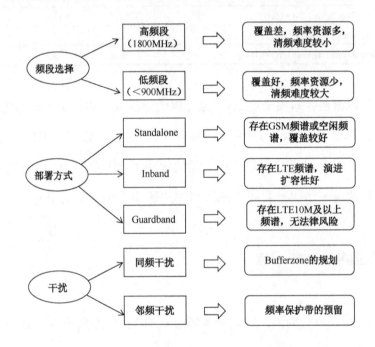

30.3.1 频段选择

NB-IoT R13 标准第一阶段不会支持所有 LTE 频段的部署能力，明确考虑的优先支持频段为：1, 2, 3, 5, 8, 12, 13, 17, 18, 19, 20, 26, 28。可见大部分集中在低频段。

E-UTRABand	Duplex-Mode	Uplink (UL) BS receive UE transmit (MHz)	Downlink (DL) BS transmit UE receive (MHz)
1	FDD	1920 – 1980	2110 – 2170
3	FDD	1710 – 1785	1805 – 1880
5	FDD	824 – 849	869 – 894
8	FDD	880 – 915	925 – 960
12	FDD	699 – 716	729 – 746
13	FDD	777 – 787	746 – 756
17	FDD	704 – 716	734 – 746
19	FDD	830 – 845	875 – 890
20	FDD	832 – 862	791 – 821
26	FDD	814 – 849	859 – 894
28	FDD	703 – 748	758 – 803

» NB 主流频段目前工作在 900MHz,LTE 主流工作在 1.8GHz、2.1GHz 或 2.6GHz

» 不同频段传播模型：900MHz 常用 Okumura-Hata(1.5GHz 以下)；1.8GHz、2.1GHz 和 2.6GHz 常用 Cost231-Hata (1.5GHz 以上)

» 不同的无线环境下，在覆盖相同距离情况下，900MHz 与 1.8GHz 的路径损耗差异约为 6 ~ 10dB，1.8GHz 与 2.1GHz 差异约 1.4dB ~ 2.3dB。

» 从覆盖的角度考虑，优选低频部署。

30.3.2　频谱部署方式和干扰保护带

不同的部署方式的建议如下：

1）存在空余频谱或 GSM 频谱、对覆盖要求高，推荐采用 standalone 部署方式；

2）存在 LTE 频谱且有演进扩容需求，推荐采用 inband 部署方式；

3）LTE 10MHz 以上频谱且 guardband 部署无法律风险的情况，可考虑 guardband。

Standalone 方式下，常见保护带设置如下：

场景	保护带 （1:1 组网）	保护带 （1:4 组网）	备注
GM 共存	100kHz	200kHz（需保证和 NB 频率间隔 200kHz 的 GSM 频点小区和 NB 共站）	与 GSM 主 B 频点间隔 300kHz（需保证和 NB 频率间隔 300kHz 的 GSM 频点小区和 NB 共站）
LM 共存	LTE 内置保护带（标准带宽）	LTE 5MHz 以上带宽的内置保护带；5MHz 以下带宽需 200kHz 以上保护带	

» GSM 部署场景，从 GSM 频点进行 Refarming 部署 NB-IoT

GSM	保护带 1:1 100kHz 1:3/1:4 200kHz	NB-IoT	保护带 1:1 100kHz 1:3/1:4 200kHz	GSM

» LTE 部署场景，需要 1.4MHz 及以上带宽

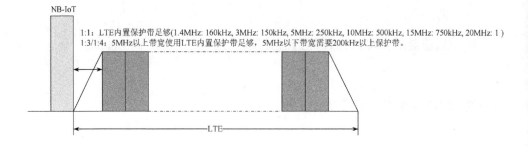

1:1：LTE内置保护带足够(1.4MHz: 160kHz, 3MHz: 150kHz, 5MHz: 250kHz, 10MHz: 500kHz, 15MHz: 750kHz, 20MHz: 1)
1:3/1:4：5MHz以上带宽使用LTE内置保护带足够，5MHz以下带宽需要200kHz以上保护带。

30.3.3 CMCC NB-IoT 试点频率规划方案

为了避免 GSM-R 干扰、互调干扰等因素，NB-IoT 试点频率部署在 900M

高端，考虑 NB 与 GSM 频率隔离至少 100kHz，**建议 GSM 腾 93、94、95 号频点.**

1MHz					200kHz	200kHz	100kHz
	GSM		FDD	GSM	93	94	95

934　　　935.1　　　　　　　　　945.8　　　　950.8　　　953.7　　953.9

备注：

低端：与铁通 1MHz 频段隔离；高端：95 号频点为隔离频点。

FAQ 篇

本篇将一些常见的问题进行梳理，方便大家速记、速查。

你甚至可以认为这是一本关于 NB-IoT 的知识口袋书。

关键技术类

1）IoT 技术有哪些？

物联网 IOT 通信技术按传输距离来划分成两类：

短距技术：如 Wi-Fi、Bluetooth、Zigbee 等，典型应用于智能家居。

广域网通信技术： LPWA 网（低功耗广覆盖），典型应用如智能抄表。LPWA 技术也分为两类：一类工作在非授权频谱，如 LoRa，Sigfox，属于非 3GPP 标准方案；一类是工作在授权频谱，如 GSM、WCDMA、LTE，NB-IoT、eMTC，属于 3GPP 标准规范，运营商可部署。

2）LoRa 技术发展现状如何？

LoRa（Long Range Wireless Solution）：美国 SEMTECH 公司提出的一种面向物联网应用的低成本、低功耗、低速率、大容量、广覆盖、窄带通信技术。围绕 SEMTECH 公司成立的有 LoRa Alliance 组织，涉及芯片、模组、传感器、网络、服务、系统集成各个领域，端到端产业链发展成熟。2015 年年底，国内 LoRa 厂家联合成立全国低功耗广域网网络产业联盟（LPWANA），开始在产业发展方面发力。

LoRa 商用进展：欧洲、北美、韩国已部署 10 多个商用局点，50 多个局点在开实验局。目前应用在路灯控制系统、抄表、农业等领域。荷兰 KPN 电信 16 年年初开始提供商用服务，未来计划覆盖整个国家，用于连接数百万台

257

设备。韩国 SK 电信已部署闪网络商用，覆盖全国 99% 的人口。国内运营商中，中国移动物联网公司具备 LoRa 方案提供能力，在四川、新疆等地进行多次农业场景中的实地外场测试。

3）Sigfox 技术发展现状如何？

Sigfox 是一家成立于 2009 年的法国公司，是第一家也是唯一提供低吞吐率的、覆盖全球的移动物联网运营商，为用户提供端到端的基于 IMS 频谱的超窄带（UNB，Ultra Narrow Band）无线接入解决方案和产品。用户不用部署网络设备，只需要定制终端和部署应用服务器，即可使用 Sigfox 的网络。Sigfox 的 UNB 技术具有低成本、低功耗、广覆盖、大容量的特点。Sigfox 商用进展：目前重点关注欧洲、北美、南太、南美区域，覆盖法国、英国、荷兰、瑞士、新加坡、印度、哥伦比亚、意大利、西班牙、芬兰、挪威等 19 国家，3 亿多人口， 应用于资产定位跟踪、智能停车、智慧安防等领域。

4）NB-IoT 技术有哪些技术特点？

NB-IoT 具有四大特性，即超强覆盖、超低功耗、超低成本、超大连接。

20dB+	10年+
超强覆盖 Super Coverage	超低功耗 Low Power
$1	50k/Cell
超低成本 Low Cost	超大连接 Massive Connection

5）NB-IoT 适合的垂直应用场景有哪些？

NB-IoT 技术可满足对低功耗、长待机、深覆盖、大容量有所要求的低速率业务，更适合静态、对时延低敏感、非连续移动、实时传输数据的业务场景。

6）如何理解 NB-IoT 的广覆盖能力？

3GPP 协议定义了 NB-IoT 相对 GPRS 系统的最大链路预算提升了 20dB 增益，MCL 达到了 164dB，通过功率谱密度提升以及数据重复发送的方式可以真正实现覆盖提升的效果，这样保证在地下车库、地下室、地下管道等普通无线网络信号难以到达的地方也容易覆盖到。

7）怎么理解 Single-tone 和 Multi-tone？

Singlte-tone，Multi-tone 均指的是上行，Single-tone 分为 3.75kHz 和 15kHz 两种带宽，Multi-tone 只有 15kHz 带宽。这些均指 NPUSCH，这几种配置下的 NPRACH 均是 3.75kHz 带宽。

Singlte-tone 只能分配一个子载波给 UE；multi-tone 可将多个子载波分配给一个 UE，协议规定的可以分配的组合方式为 3，6，12，在实际调度过程中，根据终端的覆盖条件，动态调度：覆盖好，分配多个子载波，获得高速率；覆盖差，逐步减少载波，到小区边缘只分配一个子载波。

8）NB-IoT 和 LTE 技术的差异有哪些？

NB-IoT 的物理层设计大部分沿用 LTE 系统技术，如 NB-IoT 在下行采用 OFDMA，子载波间隔 15kHz。上行也采用 SC-FDMA，差异在上行支持 Single-tone 子载波间隔 3.75kHz/15kHz，Multi-tone 子载波间隔 15kHz。MAC/RLC/PDCP/RRC 层处理基于已有的 LTE 流程和协议，物理层针对小数据包、低功耗和大连接特性进行功能增强。核心网部分基于 S1 接口连接，支持独立部署和升级部署两种方式。

9）NB-IoT 的协议号？

3GPP 在窄带物联网上的协议进展，在 SI 阶段，有个结题报告是 45.820，但是 NB-IoT 的正式协议根据内容分布到 LTE 各个协议里面去，成为其中的部分章节。比如，物理层的会在 TS 36.211，36.212，36.213，36.214 等。

10）NB-IoT 标准会支持 TDD 双工方式吗？

目前仅支持 FDD 双工方式。

11）NB-IoT 的芯片为什么可以做到低成本？

NB-IoT 业务应用的低速率、低功耗、低带宽带来的是低成本优势。具体如下。

低速率：意味着不需要大缓存，所以可以减小缓存、DSP 配置低；不需要 MIMO 等多天线技术；协议栈可以尽量简单，降低成本；低功耗：意味着 RF 设计要求低，小的 PA 就能实现；低带宽：意味着不需要复杂的均衡算法。因此，NB-IoT 芯片可以做得很小，成本就会降低。

12）NB-IoT 支持基站定位吗？

NB-IoT R13 不支持基站定位，R14 计划做定位增强，支持 E-CID、UTDOA 或者 OTDOA。E-CID 是 Rel-8 LTE 版本中存在的定位技术，主要使用蜂窝系统基站侧的信息和用户终端的辅助测量来实现，定位精度不高但实现简单。UTDOA 和 OTDOA 是基于到达时间测量的定位技术，时间测量信号使用蜂窝系统的自有信号。UTDOA 需要在多个基站测量用户终端的上行信号来实现定位，OTDOA 是通过用户终端测量多个基站的下行信号来实现定位的。如果从终端复杂度角度考虑，UTDOA 更好，因为对终端几乎没有影响，并且在覆盖增强情况下（地下室 164dB），UTDOA（上行）功耗更低；如果大部分场景不需要覆盖增强，从网络容量角度来看，OTDOA（下行）会更好。

网络性能类

1）NB-IoT 对设备移动速度的支持范围是多少？

NB-IoT 目前主要适用终端移动性不强的场景（如智能抄表、智能停车等），比如 30km/h 以下，简化终端的复杂度、降低终端功耗。因此，NB-IoT 目前不支持连接态的移动性管理，包括相关测量、测量报告、切换等，只支持小区重选。

2）NB-IoT 是否支持语音？

NB-IoT 在没有覆盖增强的情况下，支持的语音是 Push to Talk。在 20dB 覆盖增强的场景，只能支持类似 Voice Mail。NB-IoT 不支持 VoLTE，其对时延要求太高，高层协议栈需要 QoS 保障，会增加成本。

3）NB-IoT 的两种数据传输方式(CP/UP 方案)有什么区别？

（1）控制面方案（CP 方案）。

无需建立空口数据无线承载（DRB）和 S1-U 连接，直接通过 NAS 消息(UE 和 MME 之间的消息)传输应用数据。3GPP 已明确 CP 方案为必选方案。

（2）用户面方案（UP 方案）。

需要建立空口数据无线承载（DRB）和 S1-U 连接。为了省电和简化流程，相比 LTE 增加 RRC-Suspended 状态，前一次传输数据的用户面连接被挂起，下次传输数据可恢复挂起的用户面连接，无需新建用户面连接。相比 CP 方案，

UE 和基站需要保存用户面连接相关上下文,因此基站可精确统计附着用户数。3GPP 已明确 UP 方案为可选方案。

4)NB-IoT 上下行传输速率是多少?

NB-IoT 射频带宽为 200kHz。下行速率大于 160kbps,小于 250kbps。上行速率大于 160kbps,小于 250kbps(Multi-tone)/200kbps(Single-tone)。

5)PSM 和 eDRX 分别使用什么场景?

PSM 应用于对省电要求非常严格,对时延不敏感的应用场景,如智能抄表,要求 6～10 年的寿命,每天上报一次,只要在一天内上报就可以,不要求实时性。几乎没有下行业务。eDRX 主要用于对省电有一定要求,同时对下行业务时延也有一定要求的场景。PSM 状态终端是无法接受寻呼的,eDRX 状态下终端一定的时间窗内可以接受寻呼,进行下行业务。

6)NB-IoT 的芯片为什么功耗低?

设备消耗的能量与数据量或速率有关,单位时间内发出数据包的大小决定了功耗的大小。此外 NB-IoT 引入了 eDRX 省电技术和 PSM 省电模式,进一步降低了功耗,延长了电池使用时间。在 PSM 模式下,终端仍旧注册在网,但信令不可达,从而使终端更长时间驻留在深睡眠以达到省电的目的。eDRX 省电技术进一步延长终端在空闲模式下的睡眠周期,减少接收单元不必要的启动,相对于 PSM,大幅度提升了下行可达性。

部署策略类

1）NB-IoT 当前主流部署频段是什么？

全球大多数运营商使用 900MHz 频段来部署 NB-IoT，有些运营商部署在 800MHz 频段（欧洲）。

2）NB-IoT 的部署方式有哪些？

NB-IoT 支持 3 种部署方式：Standalone、Guard Band、In Band，其中，Standalone 的部署方式网络性能最优。

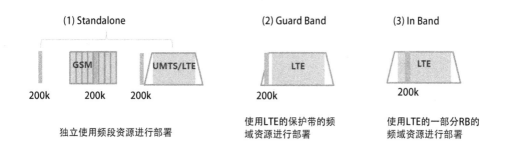

3）In Band 部署对上下行 RB 选取是否有限制？

协议规定下行 RB 的位置如下表所示，这是由于 channel raster=100k 所决定的。

LTE system bandwidth	3MHz	5MHz	10MHz	15MHz	20MHz
PRB indices with 2.5kHz offset	/	/	4, 9, 14, 19,30, 35, 40, 45	/	4, 9, 14, 19, 24, 29, 34, 39, 44, 55, 60, 65, 70, 75, 80, 85, 90, 95
PRB indices with 7.5 kHz offset	2, 12	2, 7, 17, 22	/	2, 7, 12, 17, 22, 27, 32, 42, 47, 52, 57, 62, 67, 72	/

4）In Band 部署如何解决和 LTE 之间的干扰？

In Band 部署时 LTE 需要空出 1 个专用的 RB 资源给 NB-IoT 使用，LTE 不能调度这个 RB，另外对于下行，协议专门规定了部分 RB 可配置，NB-IoT 在 In Band 的时频资源避开 LTE 的导频和 PDCCH 这些公共开销，保证和 LTE 没有同频干扰。

5）NB-IoT 的功率配置需要多大？

NB-IoT 的功率配置需要同时满足覆盖和容量的需求，为了满足最低覆盖，建议 NB-IoT 单载波功率配置最低为 3.2W，从容量的角度则建议单载波功率最低配置为 5W～10W。

6）NB-IoT 的芯片厂家有哪些？

华为海思、Qualcomm、Intel、RDA、简约纳、MTK、TI、SEQUANS、MARVELL、NODRIC、中兴微等。NB-IoT 芯片商主要来自 GSM/LTE Modem 公司，也有类似 WiFi/BT 的 MCU 公司。未来，更多的 NB-IoT 芯片厂商会介入，预计在 2017 年 Q3 进入价格竞争状态。

7）Single-tone 和 Multi-tone 的部署场景是什么？

Single-tone 场景的速率较低，3.75kHz 的速率在 6kbps 左右，而 15kHz 则在 24bps 左右。因此，为了满足部分业务高速率的要求，需要采用 Multi-tone

方案。Single-tone 的 3.75kHz 相比 15kHz 在深度覆盖场景有 PSD（功率谱密度）优势，有利于加强覆盖。

8）NB-IoT/eMTC 终端如何连到各自的核心网

（1）NB 的小区是独立的，NB-IoT 的终端接入到 NB 的小区。

（2）基站上有配置哪些 MME 支持 NB，哪些 MME 是 LTE 的，基站把 NB 的终端连到对应的 MME 上去。NB 支持从多个 MME 中选择一个，支持 S1-flex。

（3）对于 eMTC 则不同，eMTC 和 LTE 共小区，如果需要将 eMTC 终端连到专用的物联网核心网上，需要核心网支持 DECORE 特性。

网络规划类

1）NB-IoT 的边缘业务速率和覆盖率要求一般是多少？

协议规定的最低边缘速率要求为 160bps，根据仿真结果 MCL164dB 对应的上行边缘速率大概是 210bps，不同的业务对应的速率要求不同，需要根据实际情况进行规划。

覆盖率取决于客户需求，对于物联网的场景，由于终端本身不能移动，没办法通过重选或者切换来达到改善通信质量的目的，因此相比传统的移动网络一般覆盖率要求更高的，建议设置 99%，如果投资受限，建议可采取分期部署策略，初期最低建议配置 90%。

2）NB-IoT 是否可以和现网共站部署？

NB-IoT 比 GPRS 基站提升了 20dB 的覆盖增益，期望能覆盖到地下车库、地下室、地下管道等信号难以到达的地方。根据仿真测试数据，在独立部署方式下，NB-IoT 覆盖能力可达 164dB。NB-IoT 考虑 10dB 额外损耗情况下，99%覆盖率要求可达到与 GSM/LTE 相当的覆盖半径，95%覆盖率要求可达到GSM/LTE 约 2 倍的覆盖半径，因此 NB-IoT 是可以和传统网络共站部署的。

3）NB-IoT 话务模型是什么？

和传统网络规划不同，NB-IoT 的话务模型丰富多样和业务类型强相关，通常都是小包业务，单次业务的数据量在 100 字节左右，而业务频度则和应用

类型直接相关。比如智能抄表一般频度为一天一次,而宠物跟踪则是十秒一次。

4)单站能支持的连接数是多少,容量瓶颈是什么?

NB-IoT 理论上每小区可支持 5000 个用户接入。容量跟话务模型、用户分布有关,当用户全在近端时容量受限于寻呼信道,而用户均匀分布时受限于上行业务信道 NPUSCH。

缩 略 语

ACK	Acknowledgement	肯定应答
APN	Access Point Name	接入点名称
AS	Access Stratum	接入层
BBU	BaseBand Unit	基带处理单元
BCCH	Broadcast Control Channel	广播控制信道
BPSK	Binary Phase Shift Keying	二进制相移键控
CCCH	Common Control Channel	公共控制信道
CIoT	Cellular Internet of Thing	蜂窝物联网
CP	Cyclic Prefix	循环前缀
CP	Control Plane	控制面
CRC	Cyclic Redundancy Check	循环冗余校验
CRS	Common Reference Signal	公共参考信号
CSFB	CS Fallback	电路业务回落
CSG	Closed Subscriber Group	封闭用户组
CSI	Channel Stated Information	信道状态信息
CSS	Cell-specific Search Space	小区专有搜索空间
DCI	Downlink Control Information	下行控制信息
DL Gap	Downlink Gap	下行传输间隙
DMRS	Demodulation reference signal	上行解调参考信号
DRB	Data Radio Bearer	数据无线承载
DRX	Discontinuous reception	不连续接收
EC-GSM	Extended Coverage-GSM	扩展覆盖 GSM 技术
E-CID	E-UTRAN Cell Identifier	E-UTRAN 小区标识
e-DRX	Extended Discontinues Reception	扩展的非连续接收
EMM	EPS Mobility Management	EPS 移动性管理
eMTC	Enhanced Machine-Type Communications	增强型物联网通信

续表

EPC	Evolved Packet Core	分组核心网
EPLMN	Equivalent Public Land Mobile Network	等级别的 PLMN
EPRE	Energy Per Resource Element	每个资源单元的能量
FDD	Frequency Division Duplex	频分双工
FDMA	Frequency Division Multiple Access	频分多址
GBR	Guaranteed Bit Rate	保证比特率
HARQ	Hybrid Automatic Repeat Request	混合自动重传请求
H-SFN	Hyper-SFN	超帧
HSS	Home Subscriber Server	归属用户服务器
IoT	Internet of Thing	物联网
IP	Internet Protocol	因特网协议
LoRa	Long Range	长距
LPWA	Low Power Wide Area	低功耗广域覆盖技术
M2M	Machine to Machine	物联网
MCL	Maximum Coupling Loss	最大耦合损耗
MCS	Modulation and Coding Scheme	调制和编码方案
MIB-NB	Master Information Block for NB-IoT	NB-IoT 的主信息块
MME	Mobility Management Entity	移动性管理设备
NACK	Negative Acknowledgement	否定应答
NAS	Non Access Stratum	非接入层
NB-IoT	Narrow Band Internet of Things	窄带物联网
NCCE	Narrowband Control Channel Element	窄带控制信道单元
NPBCH	Narrow band Physical Broadcast Channel	窄带物理广播信道
NPDCCH	Narrowband Physical Downlink Control Channel	窄带物理下行控制信道
NPDSCH	Narrow band Physical Downlink Shared Channel	窄带物理下行共享信道
NPRACH	Narrowband Physical Random Access Channel	窄带随机接入信道
NPSS	Narrowband Primary Synchronization Signal	窄带主同步信号
NPUSCH	Narrowband Physical Uplink Shared Channel	窄带物理上行共享信道
NRS	Narrowband Reference Signal	窄带参考信号
NSSS	Narrowband Secondary Synchronization Signal	窄带辅同步信号
OFDM	Orthogonal Frequency Division Multiplexing	正交频分复用
OTDOA	Observed Time Difference of Arrival	到达时间差定位法
P0	Paging Occasion	寻呼时刻
PA	Power Amplifier	功率放大器
PAPR	Peak Average Power Ratio	峰均比
PCFICH	Physical Control Format Indication Channel	物理控制格式指示信道

269

续表

PCID	Physical Cell Identity	物理小区标识
PCO	Protocol Configuration Options	协议配置选项
PDCCH	Physical Downlink Control Channel	物理下行控制信道
PDN	Packet data network	分组数据网络
PDU	Protocol Data Unit	协议数据单元分组
PF	Paging Frame	寻呼帧
PGW	PDN Gateway	数据网关
PHICH	Physical HARQ Indication Channel	物理 HARQ 指示信道
PHR	Power headroom Report	功率余量报告
PLMN	Public Land Mobile Network	陆地公众移动网络
PRB	Physical Resource Block	物理资源块
P-RNTI	Paging Radio Network Temporary Identity	寻呼无线网络临时标识
PSD	Power Spectral Density	功率频谱密度
PSM	Power Saving Mode	节电模式
PUCCH	Physical Uplink Control Channel	物理上行控制信道
QAM	Quadrature Amplitude Modulation	正交幅度调制
QPSK	Quadrature Phase Shift Keying	四相相移键控
QPSK	Quadrature Phase Shift Keying	正交相移键控
RAR	Random Access Response	随机接入响应
RAT	Radio Access Technology	无线接入技术
RB	Resource Block	资源块
RE	Resource Element	资源单元
REG	Resource Element Group	资源单元组
ROHC	RObust Header Compression	健壮性包头压缩
RRU	Remote Radio Unit	远端射频单元
RSRP	Reference Signal Received Power	参考信号接收功率
RSRQ	Reference Signal Received Quality	参考信号接收质量
RU	Resource Unit	资源单位
RV	Redundancy Version	冗余版本
SCEF	Service Capability Exposure Function	业务能力开放单元
SCS	Services Capability Server	业务能力服务器
SFBC	Space Frequency Block Code	空频块码
SFN	System Frame Number	系统帧号
S-GW	Serving Gateway	服务网关
SI	System Information	系统消息
SIB-NB	System Information Block for NB-IoT	NB-IoT 的系统信息块

SR	Scheduling Request	调度请求
SRS	Sounding Reference Signal	探测参考信号
TAU	Tracking Area Update	跟踪区更新
TBCC	Tail Biting Convolution Coder	咬尾卷积编码器
TBS	Transport Block Size	传输块大小
TDD	Time Division Duplex	时分双工
TEID	Tunneling Endpoint Identifier	隧道端点标识
TPC	Transmit Power Control	传输功率控制
TU	Typical Urban	典型城市
UP	User Plane	用户面
USS	UE-specific Search Space	用户专有搜索空间
2T2R	2 Transmit 2 Receive	2 发射 2 接收

参 考 文 献

[1] 3GPP,TR 45.820,Cellular system support for ultra-low complexity and low throughput Internet of Things(CIoT),Release 13[S].

[2] 3GPP, TS 36.300: "Evolved Universal Terrestrial Radio Access (E-UTRA) and Evolved Universal Terrestrial Radio Access (E-UTRAN); Overall description; Stage 2"[S].

[3] 3GPP, TS 36.331: "Evolved Universal Terrestrial Radio Access (E-UTRA); Radio Resource Control (RRC); Protocol specification"[S].

[4] 3GPP, TS 36.304: "Evolved Universal Terrestrial Radio Access (E-UTRA); UE Procedures in Idle Mode"[S].

[5] 3GPP, TS 36.306: "Evolved Universal Terrestrial Radio Access (E-UTRA); User Equipment (UE) radio access capabilities"[S].

[6] 3GPP, TS 36.321: "Evolved Universal Terrestrial Radio Access (E-UTRA); Medium Access Control (MAC) protocol specification". 294[S]

[7] 3GPP, TS 36.322: "Evolved Universal Terrestrial Radio Access (E-UTRA); Radio Link Control (RLC) protocol specification"[S].

[8] 3GPP, TS 36.323: "Evolved Universal Terrestrial Radio Access (E-UTRA); Packet Data Convergence Protocol (PDCP) Specification"[S].

[9] 3GPP,TS 36.211 V13.2.0 Physical channels and modulation[S].

[10] 3GPP,TS 36.133:" Evolved Universal Terrestrial Radio Access (E-UTRA); Requirements for support of radio resource management" [S].

[11] 3GPP,TS 23.401 V13.7.0 Evolved Universal Terrestrial Radio Access Network(E-UTRAN) access[S].

[12] 3GPP,TS 23.122 V13.5.0 Non- Access-Stratum(NAS)functions related to Mobile Station (MS) in idle mode[S].

[13] 3GPP,TS 36.213:" Evolved Universal Terrestrial Radio Access (E-UTRA); Physical layer procedures" [S].

[14] 戴博，袁戈非，余媛芳．窄带物联网（NB-IoT）标准与关键技术[M]．北京：人民邮电出版社，中国工信出版集团，2016．

[15] 王映民，孙韶辉等．TD-LTE 技术原理与系统设计[M]．北京：人民邮电出版社，2011．

[16] 曾召华．LTE 基础原理与关键技术[M]．西安：西安电子科技大学出版社，2010．

[17] 沈燕,索世强,全海洋等.3GPP 长期演进（LIE）技术原理与系统设计[M].北京：人民邮电出版社，2008．

[18] 吴志忠．移动通信无线电波传播[M]．北京：人民邮电出版社，2002．

[19] 胡宏林，徐景．3GPP LTE 无线链路关键技术[M]．北京：电子工业出版社，2008．

[20] 张新程．LTE 空中接口技术与性能[M]．北京：人民邮电出版社，2009．

[21] 张建国．中国移动 NB-IoT 部署策略研究[J]．移动通信，2017（1）：25-30．

反侵权盗版声明

电子工业出版社依法对本作品享有专有出版权。任何未经权利人书面许可，复制、销售或通过信息网络传播本作品的行为；歪曲、篡改、剽窃本作品的行为，均违反《中华人民共和国著作权法》，其行为人应承担相应的民事责任和行政责任，构成犯罪的，将被依法追究刑事责任。

为了维护市场秩序，保护权利人的合法权益，我社将依法查处和打击侵权盗版的单位和个人。欢迎社会各界人士积极举报侵权盗版行为，本社将奖励举报有功人员，并保证举报人的信息不被泄露。

举报电话：（010）88254396；（010）88258888

传　　真：（010）88254397

E-mail： dbqq@phei.com.cn

通信地址：北京市万寿路 173 信箱

　　　　　电子工业出版社总编办公室

邮　　编：100036